千貫りこ 著 ／ ロクナナワークショップ 監修

技術評論社

本書の特徴

- 最初から通して読むことで、 HTMLとCSSの体系的な知識 ・ 操作が身に付きます。
- 読みたいところから読んでも、 個別の知識 ・ 操作が身に付きます。
- 練習ファイルを使って、 学習することができます。

本書の使い方

本文は、❶❷❸…の順番に手順が並んでいます。この順番で操作をおこなってください。
それぞれの手順には、❶❷❸…のように、数字が入っています。
この数字は、操作画面内にも対応する数字があり、操作をおこなう場所と操作内容を示しています。

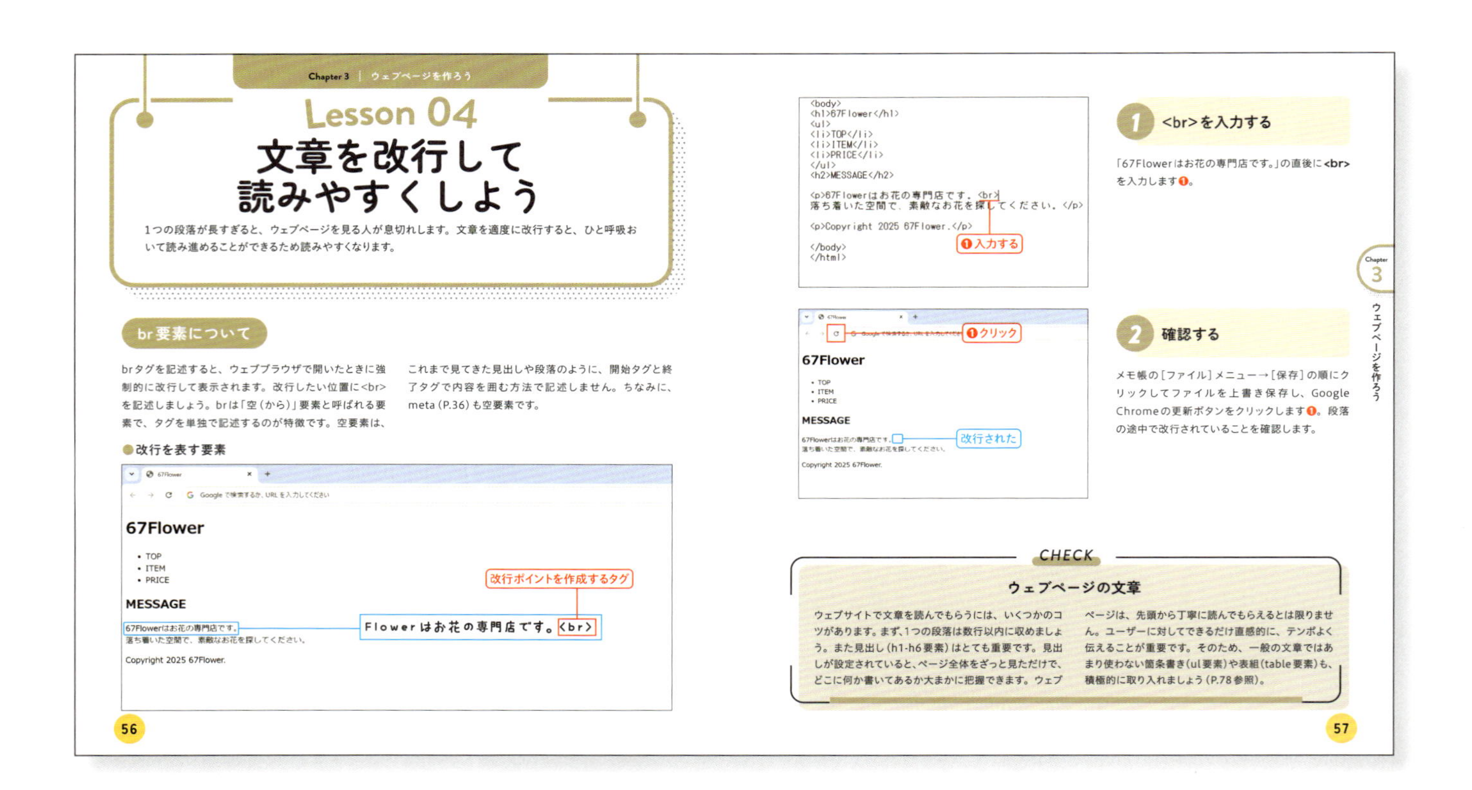

Chapter 3 | ウェブページを作ろう

Lesson 04
文章を改行して読みやすくしよう

1つの段落が長すぎると、ウェブページを見る人が息切れします。文章を適度に改行すると、ひと呼吸おいて読み進めることができるため読みやすくなります。

br要素について

brタグを記述すると、ウェブブラウザで開いたときに強制的に改行して表示されます。改行したい位置に
を記述しましょう。brは「空（から）」要素と呼ばれる要素で、タグを単独で記述するのが特徴です。空要素は、これまで見てきた見出しや段落のように、開始タグと終了タグで内容を囲む方法で記述しません。ちなみに、meta（P.36）も空要素です。

●改行を表す要素


```
<body>
<h1>67Flower</h1>
<ul>
<li>TOP</li>
<li>ITEM</li>
<li>PRICE</li>
</ul>
<h2>MESSAGE</h2>

<p>67Flowerはお花の専門店です。<br>
落ち着いた空間で、素敵なお花を探してください。</p>

<p>Copyright 2025 67Flower.</p>

</body>
</html>
```


1
を入力する

「67Flowerはお花の専門店です。」の直後に**
**を入力します❶。

2 確認する

メモ帳の［ファイル］メニュー→［保存］の順にクリックしてファイルを上書き保存し、Google Chromeの更新ボタンをクリックします❶。段落の途中で改行されていることを確認します。

Chapter 3 ウェブページを作ろう

CHECK
ウェブページの文章

ウェブサイトで文章を読んでもらうには、いくつかのコツがあります。まず、1つの段落は数行以内に収めましょう。また見出し（h1-h6要素）はとても重要です。見出しが設定されていると、ページ全体をざっと見ただけで、どこに何か書いてあるか大まかに把握できます。ウェブページは、先頭から丁寧に読んでもらえるとは限りません。ユーザーに対してできるだけ直感的に、テンポよく伝えることが重要です。そのため、一般の文章ではあまり使わない箇条書き（ul要素）や表組（table要素）も、積極的に取り入れましょう（P.78参照）。

56 57

Visual Index

各Chapterの冒頭には、そのChapterで学習する内容を視覚的に把握できるインデックスがあります。
このインデックスから自分のやりたい操作を探し、該当のページに移動すると便利です。

免責

本書に記載された内容は、情報の提供のみを目的としています。したがって、本書を用いた運用は、必ずお客様自身の責任と判断によっておこなってください。これらの情報の運用の結果について、技術評論社および著者はいかなる責任も負いません。

またソフトウェアに関する記述は、特に断りのないかぎり、2025年1月現在での最新バージョンをもとにしています。ソフトウェアはバージョンアップされる場合があり、本書の説明とは機能内容や画面図などが異なってしまうこともあり得ます。本書ご購入の前に、必ずバージョン番号をご確認ください。以上の注意事項をご承諾いただいたうえで、本書をご利用願います。これらの注意事項をお読みいただかずにお問い合わせいただいても、技術評論社および著者は対処しかねます。あらかじめ、ご承知おきください。

商標・登録商標

Contents

Chapter
3 ウェブページを作ろう

Chapter
4 サブページを作ろう

Chapter
5 CSSの基本を理解しよう

Chapter 6 CSSでレイアウトしよう

Chapter 7 テキストをデザインしよう

Chapter 8 背景、影、枠線を付けよう

Chapter 9 モバイル・SNS対応して公開しよう

動作環境について

本書はHTMLとCSSの基本的な知識を習得することを目的としています。解説の画面は、Windows 11のメモ帳とGoogle Chromeを組み合わせています。そのほかの環境では画面上、多少の違いがありますが、学習には問題ありません。

Macを利用している場合、Windows 11と操作が異なるところは、() 内にMacでの操作を記載しました。また、「macOS 14 Sequoia」でファイルの拡張子を表示した設定で動作確認を行っております。

●練習ファイルの使い方

練習ファイルについて

本書で使用する練習ファイルは、以下のURLのサポートサイトからダウンロードすることができます。ダウンロード後はデスクトップ画面にフォルダを展開して使用してください。

https://gihyo.jp/book/2025/978-4-297-14700-6/support

練習ファイルのダウンロード

お使いのコンピューターから、練習ファイルをダウンロードしてください。以下は、Windowsでのダウンロード手順となります。

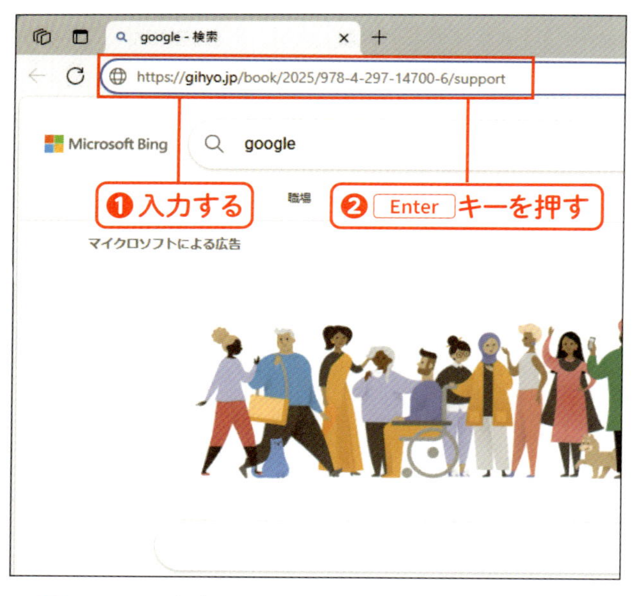

1 ウェブブラウザを起動し、上記のサポートサイトのURLを入力し❶、Enter キーを押します❷。

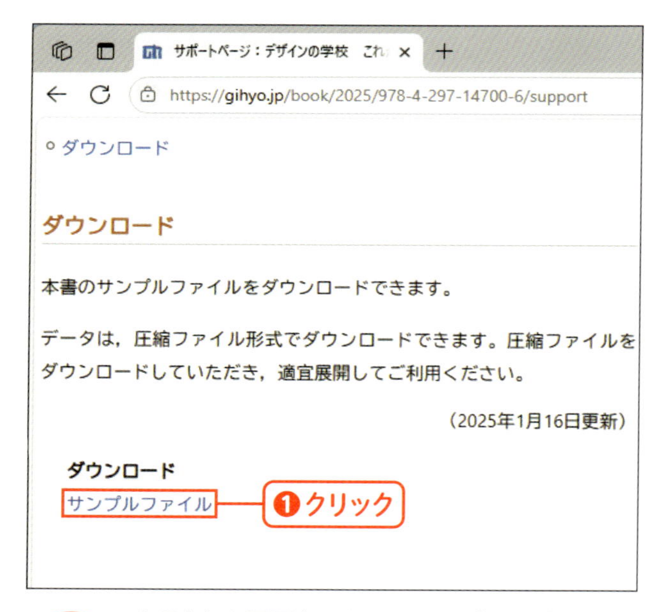

2 表示された画面をスクロールし、「サンプルファイル」と表示されたリンクをクリックします❶。

練習ファイルをデスクトップにコピーする（Windowsの場合）

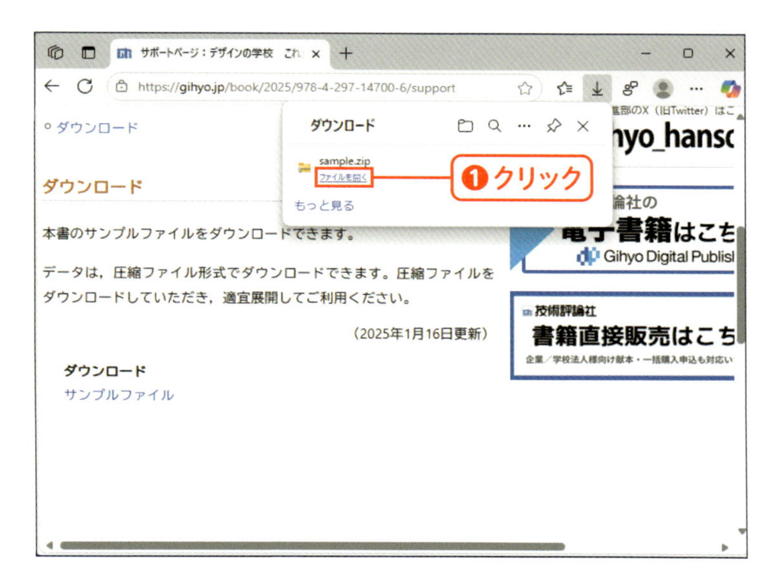

1 P.8手順❷の画面でリンクをクリックすると、ダウンロードが開始されます。［ファイルを開く］をクリックします❶。

MEMO
［ファイルを開く］が表示されない場合は、ダウンロードフォルダーのSample.zipをダブルクリックします。

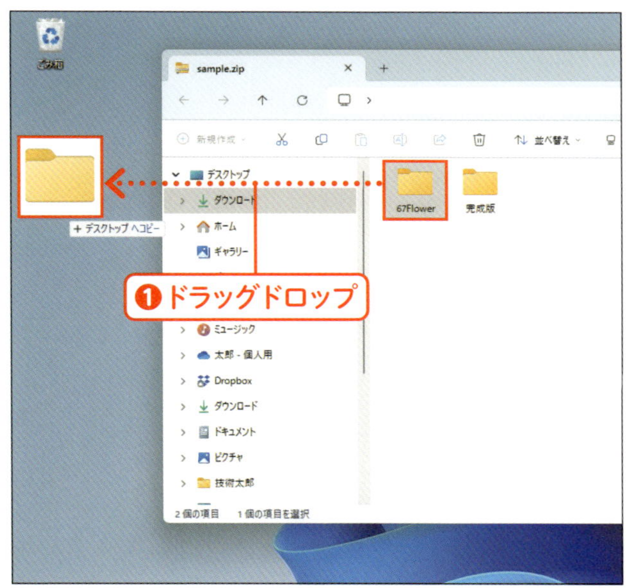

2 ファイルの中身が表示されます。「67Flower」フォルダーをドラッグドロップして❶、デスクトップにコピーします。

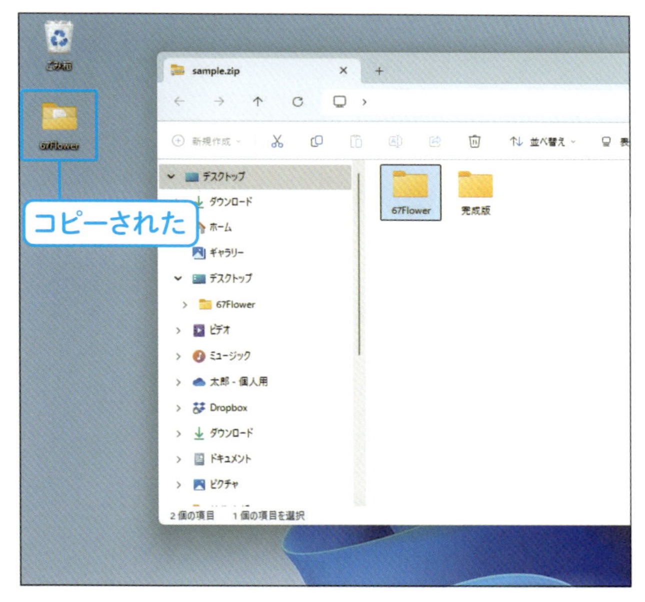

3 サンプルファイルが展開されてデスクトップにコピーされました。

練習ファイルをデスクトップにコピーする（Macの場合）

1 P.8手順❷の画面でリンクをクリックすると、サンプルファイルがダウンロードされます。ダウンロードフォルダをクリックします❶。

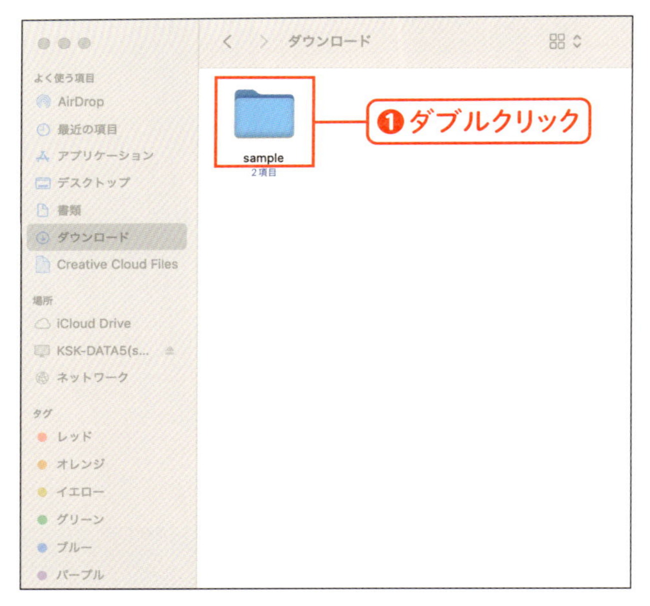

2 通常は、圧縮フォルダーが展開されて、sampleフォルダーが表示されます。[sample]をダブルクリックします❶。

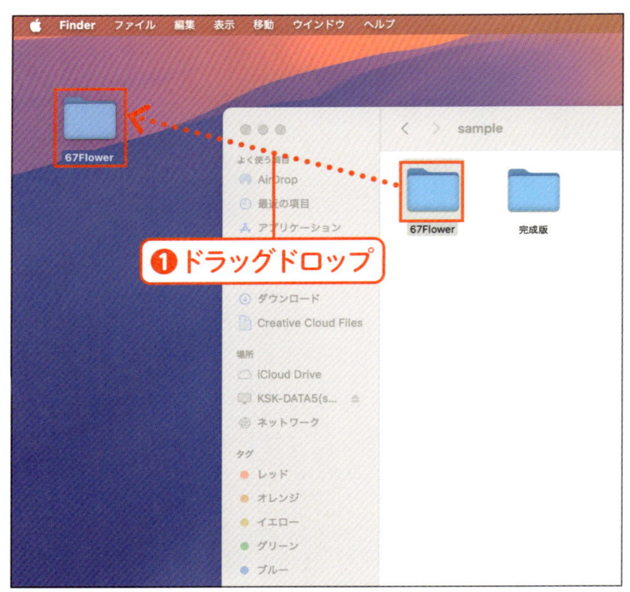

3 「67Flower」フォルダーをドラッグ＆ドロップして❶、デスクトップにコピーします。

Chapter 1

ウェブページについて知ろう

本章では、HTMLとCSSについて学ぶ前に、そもそも「ウェブサイト」とはどのようなものなのか、制作者の視点から改めて学んでいきます。実際にウェブサイトを制作する際に必要なアプリケーションや、ウェブサイト制作から公開までの流れについても、理解を深めましょう。本章で紹介するアプリケーションは一般的によく使われているものを選んでいますが、使い勝手は人それぞれ感じ方が違うので、いざ必要になったときにはインターネットで検索するなどして、自分に合いそうなアプリケーションを探してみることをおすすめします。

Lesson 01

ウェブサイトについて知ろう

ここでは、ウェブページやウェブサイトとはどんなものなのか、また、ウェブサイトを公開するための流れなどを学びます。

ウェブページとは

ウェブページとはインターネット上の文書のことです。本書では、Google ChromeやMicrosoft Edgeなどのウェブブラウザに読み込まれるデーター式をまとめて**ウェブページ**と呼びます。ウェブページのデータは、HTMLファイルと、HTMLファイルに関連づけられたCSSファイルや画像ファイルなどで構成されています。HTMLファイルには、ページに表示される文章や関連ファイルの情報が書き込まれています。このHTMLファイルをウェブブラウザで開くと、文章と一緒に画像などが埋め込まれた状態で表示されます。

● ウェブページのイメージ

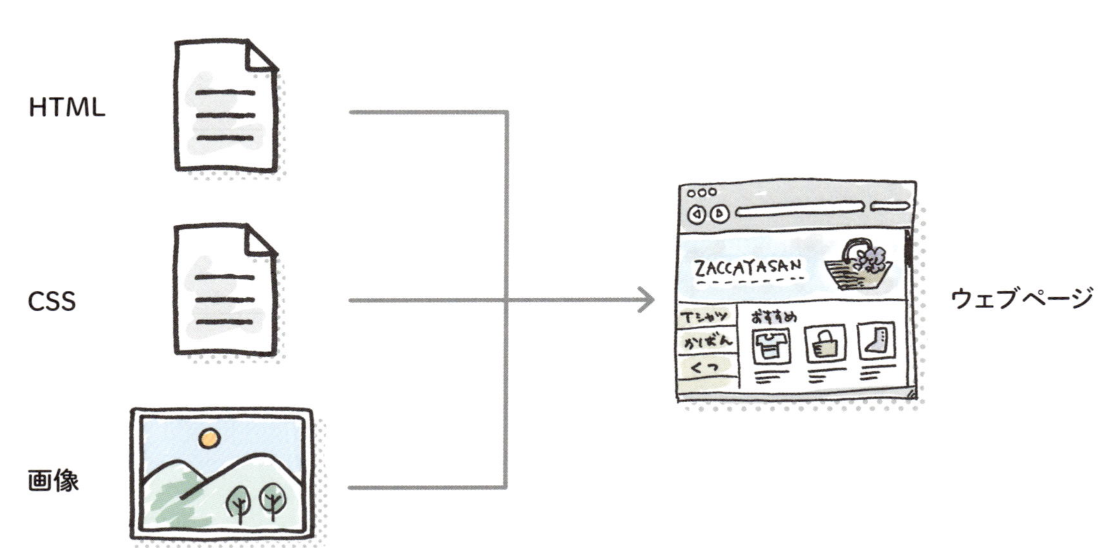

ウェブサイトとは

ウェブサイトとは、ウェブページの集合体です。複数のウェブページが連携して、ウェブサイト全体で情報発信を行います。このときのウェブページ同士の連携をリンクといいます。なお、手元のパソコンでウェブサイトを制作しただけでは、他の人に見てもらうことができません。インターネットに公開するには**ウェブサーバ**と呼ばれるコンピューターを利用します。ウェブサーバの管理には専門的な知識が必要なため、ネット接続のために契約しているプロバイダ業者や、またはウェブサーバのレンタル業者と契約して、業者が管理するウェブサーバを利用するのが一般的です。ウェブサーバにデータを送ることを**アップロード**といい、ウェブサーバからデータを取得することを**ダウンロード**といいます。

●お花を取り扱うお店のウェブサイトを構成するウェブページ

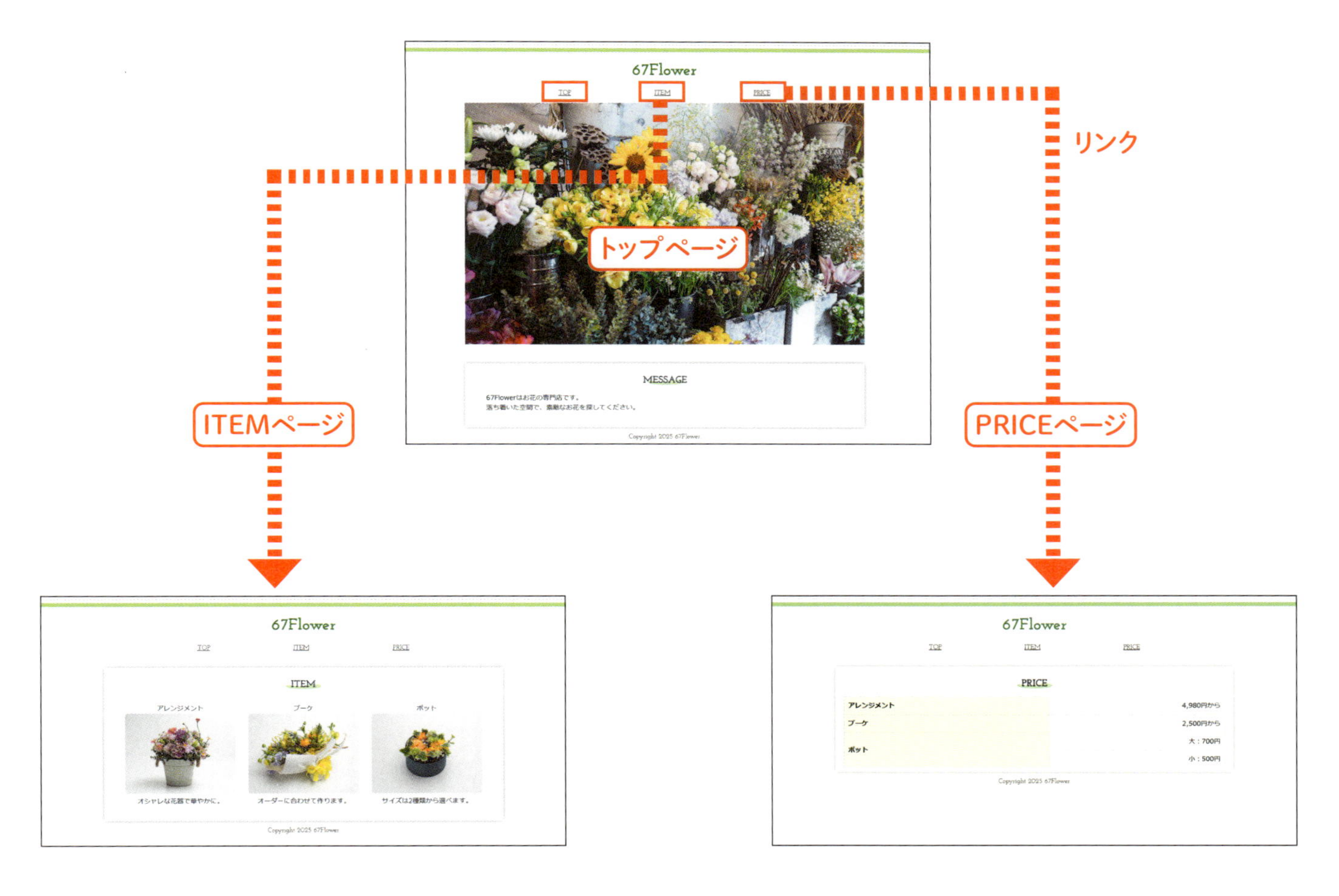

Lesson 02

ウェブページを作成するために必要なもの

ウェブページを作成するためには、いくつかのアプリケーションが必要です。ここでは、OS付属の無料アプリケーションや大規模なウェブサイト開発に役立つ有料アプリケーションなどを紹介します。

テキストを編集するためのアプリケーション

HTMLファイルやCSSファイルの編集に、特別なアプリケーションは必要ありません。本書では、Windowsに付属している**メモ帳**というアプリケーションを使用してテキストファイルを作成します。ただし、HTML文書とCSS文書を保存するときには異なるファイル形式（拡張子）を指定するなど、いくつかの注意点があります。なお、MacのmacOSの場合は、**テキストエディット**というアプリケーションが利用できます。より高機能なテキストエディタには、**Visual Studio Code**（Win/Mac）などの無料アプリケーションもあります。複数人で大量のページを作成したり、さらに効率的に作業したい場合には**Adobe Dreamweaver**（Win/Mac）などのウェブサイト制作に特化したアプリケーションを利用することがあります。

メモ帳（Windows）

テキストエディット（Mac）

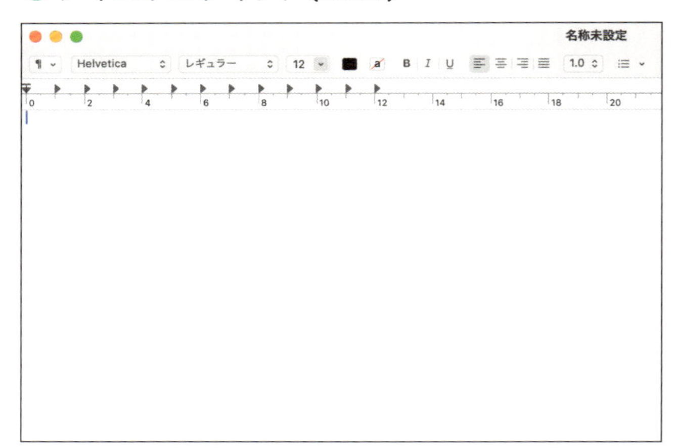

画像を作成するためのアプリケーション

本書では画像作成の方法については触れませんが、実際にウェブページを作成する際には、画像編集用のアプリケーションを用意しておいたほうがよいでしょう。スマートフォンやPCのOSに付属しているアプリケーションを利用すれば、簡易的に色調を補正したり、必要な部分だけを切り抜いたりといったシンプルな編集作業が可能です。もっと複雑な画像編集やオリジナルイラストを作成するには、**Adobe Photoshop** やオンラインツールの **Canva**（https://www.canva.com/ja_jp/）などを利用します。

● Canva

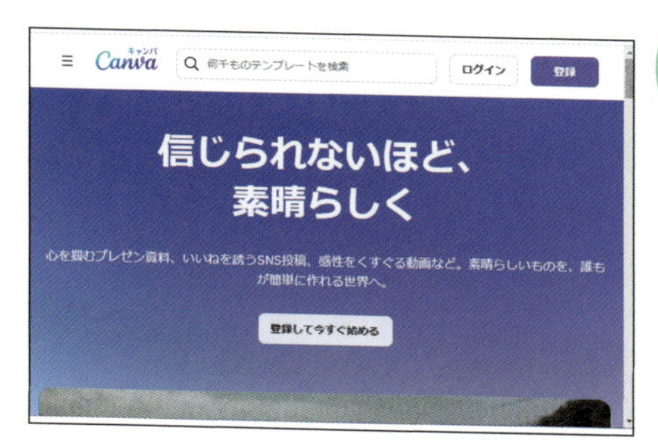

データを転送するためのアプリケーション

作成したウェブページを公開するには、データ一式をウェブサーバにアップロードする必要があります。データ転送用のアプリケーションは**FTPクライアント**と呼ばれます。よく使われているFTPクライアントとして、**FileZilla**（Win/Mac対応）などがあります。FileZillaは無料で利用できますが、気に入ったら作者に寄付しましょう。開発元ウェブサイト（https://filezilla-project.org/）には、寄付金を支払うためのしくみが用意されています。

● FileZilla（Win/Mac）

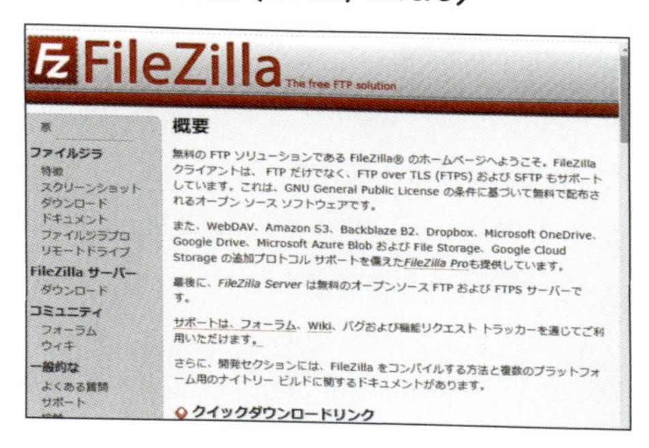

CHECK

素材集を利用する

高品質な写真やイラスト素材を使うと、ページの印象がぐっとプロっぽくなります。書店で販売されている素材集や、インターネットのサービスを利用するとよいでしょう。ただし、ライセンスの確認を忘れずに。たとえ有償の素材でも、好き勝手に使っていいわけではありません。また無償素材の場合は「配布元へのリンクを併記すること」といった決まりが設けられているのが一般的です。ルールを守って使用しましょう。

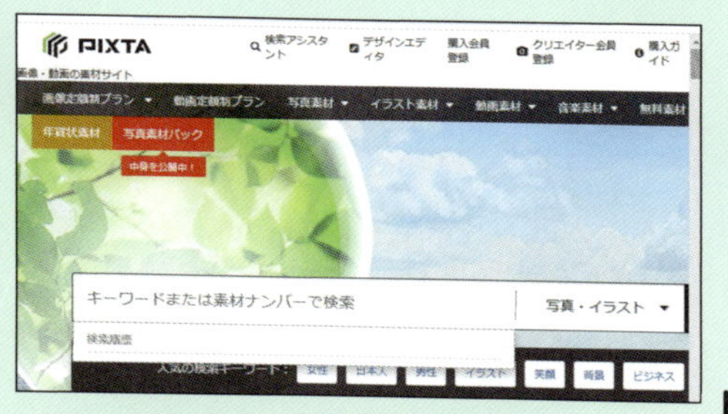

▲PIXTA（https://pixta.jp/）

Lesson 03 ウェブサイト制作の流れを知ろう

ウェブサイトが完成するまでにはいくつかのステップがあります。しっかり計画を立ててから制作に取りかかることで、より効果的に情報を発信できるウェブサイトが完成します。

ウェブサイトの構成を考える

どんな内容のページを何ページ作成するのか、またそれらをどのように連携させるかといった、ウェブサイト全体の構成を最初に考えます。似たような内容のページはカテゴリー（グループ）分けするのが一般的です。カテゴリーごとにボタンを用意し、すべてのページに配置します。このボタン群を「ナビゲーション」と呼びます。ナビゲーションボタンをクリックしてカテゴリーのトップページにジャンプし、カテゴリーのトップページからカテゴリー内の各ページにジャンプする流れを作ると、ユーザーは迷わずに閲覧できます。

●ウェブサイトの構成のイメージ

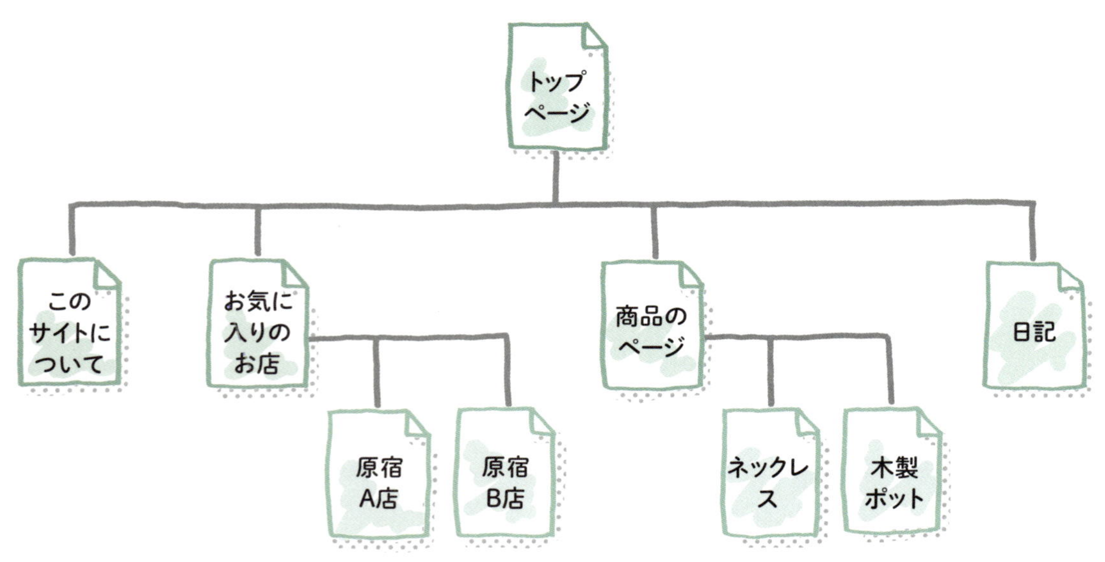

各ページに掲載する情報をまとめる

どんな文章や画像を載せるのか、ページごとに原稿をまとめます。プロのデザイナーは**デザインカンプ**を作成することが多いのですが、そこまでしなくても大丈夫です。紙にスケッチするなどして大まかな配置を決めておくだけでも、この後の作業がスムーズに進められます。

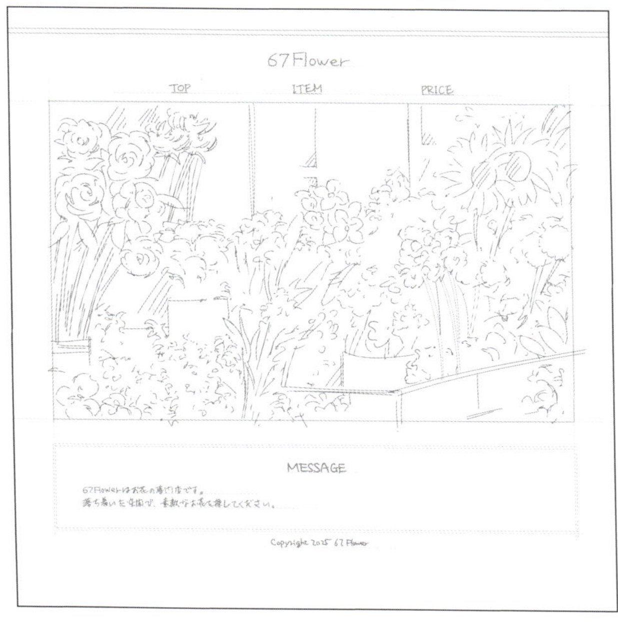

▲手書きのスケッチ

CHECK

デザインカンプ

プロの制作現場では、実際のページ制作に取りかかる前にデザインカンプまたはモックと呼ばれるデザイン完成図を作成するのが一般的です。絵と文章を配置して余白のバランスを整えたり、色のトーンに統一感を持たせるなど、ページ全体のデザインを細かく調整していきます。右の図は、Photoshopでデザインカンプを作成しているところです。

▶Photoshopでデザインカンプを作成

HTML文書を記述する

HTMLはHyperText Markup Languageの略で、『印(マーク)を付ける』ための言語という意味です。プレーンな文章に**HTMLタグ**と呼ばれる印を組み込むことで、文書全体を**構造化された情報**として発信することが可能になります。HTMLタグには、見出しを表すタグや段落を表すタグなど、たくさんの種類が用意されています。文章の内容にピッタリ合ったタグを付けておくことで、情報の受け取り手がウェブページをより正確に理解できるようになります。なお、HTMLのようにコンピューターに対する指示を書いたものをソースコード(本書では「コード」と表記)と呼びます。

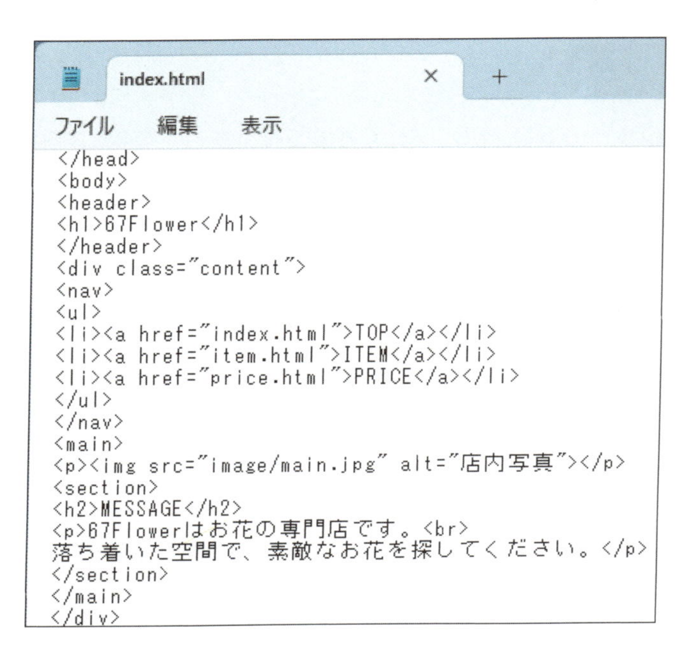


```
</head>
<body>
<header>
<h1>67Flower</h1>
</header>
<div class="content">
<nav>
<ul>
<li><a href="index.html">TOP</a></li>
<li><a href="item.html">ITEM</a></li>
<li><a href="price.html">PRICE</a></li>
</ul>
</nav>
<main>
<p><img src="image/main.jpg" alt="店内写真"></p>
<section>
<h2>MESSAGE</h2>
<p>67Flowerはお花の専門店です。<br>
落ち着いた空間で、素敵なお花を探してください。</p>
</section>
</main>
</div>
```

CSSを記述する

CSSはCascading Style Sheetsの略で、文書のスタイルやレイアウトをどのように表現するか指定するためのものです。CSSファイルには、文章や画像の見た目に関する情報を記述します。あらかじめ決められた方法に従って、ページの背景色、文字の色や大きさ、文章と画像の配置などを指定します。「どこに」「どんなスタイルを」「どのように」の順番で**スタイル指定のための情報**を記述していくのですが、スタイルを一度にたくさん記述すると思いがけない表示結果になることもあるので、少し作業を進めるたびに表示結果をチェックして、スタイル指定が思いどおりに反映されているかどうか確認しましょう。HTML文書やCSSを記述する作業をコーディングと呼びます。

style.css
ファイル　編集　表示

```
h1{
color:green;
font-size:250%;
}
.content{
max-width:960px;
margin-right:auto;
margin-left:auto;
}
img{
max-width:100%;
}
h1,h2,li,footer{
text-align:center;
font-family:"Josefin Slab", serif;
}
li{
list-style:none;
}
ul{
display:flex;
justify-content:center;
```

検証する

HTMLやCSSの記述中は、思いどおりに作業が進んでいるかどうか、こまめに確認しましょう。完成に近づいた段階では、特にしっかりと最終確認を行います。文章に誤字脱字がないか、ナビゲーションボタンが正しく機能しているかなど、初めて見るつもりで検証することをおすすめします。なお、ウェブページの閲覧環境にはスマートフォン、タブレット、PCなどのデバイスの種類に加え、表示用のアプリケーションにもいくつかの選択肢が存在します。そのため、プロはできるだけ多くの閲覧環境を用意して確認作業を行います。

●Microsoft Edgeの表示

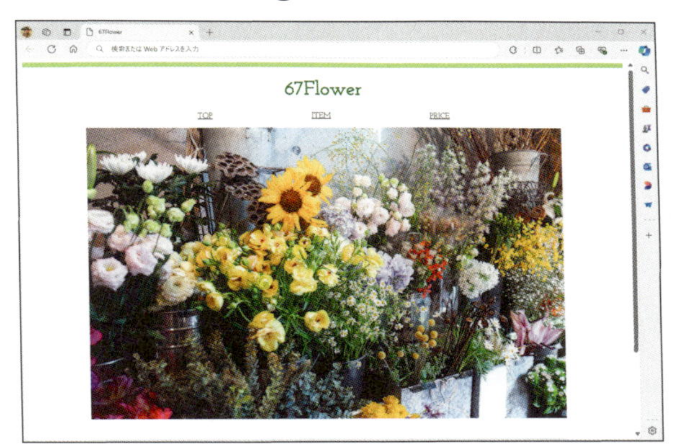

●iOS+Safariの表示

データをアップロードする

ウェブサイトが完成したら、すべてのデータをまとめてウェブサーバにアップロードします。すべてのデータとは、HTMLファイル、CSSファイル、画像ファイルなど、ウェブサイトを構成するファイルのことです。アップロードが完了すると、**URL**を参照して、誰でもウェブサイトを見ることができるようになります。URLとは「https://example.com/」といった形でインターネット上の特定の場所を指し示すための記号の並びです。この段階で初めて、ウェブサイトをインターネットに公開したといえます。

●データのアップロード

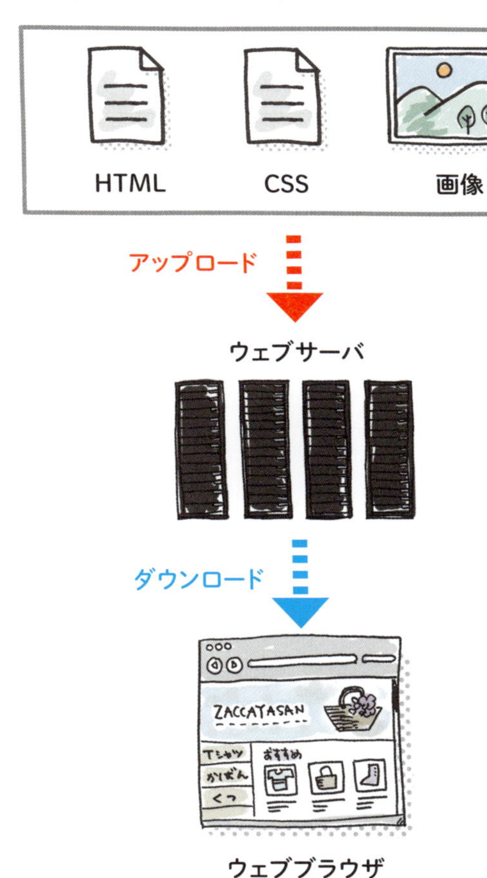

Lesson 04 ウェブページを表示するアプリケーションを知ろう

ウェブページを表示するためのアプリケーションをウェブブラウザと呼びます。ウェブブラウザにはいくつかの種類があります。ここでは代表的なウェブブラウザを紹介します。

Google Chrome

Google Chrome（グーグル クローム）は、SafariやMicrosoft EdgeのようなOS標準ブラウザではありませんが、利用者が多いことで知られています。アプリケーションの起動が早いこと、ウェブページの表示もキビキビと素早く処理されることから、ヘビーユーザーまで含めた幅広い人気を集めています。本書ではGoogle Chromeを使って表示確認を行います。

● Google Chrome

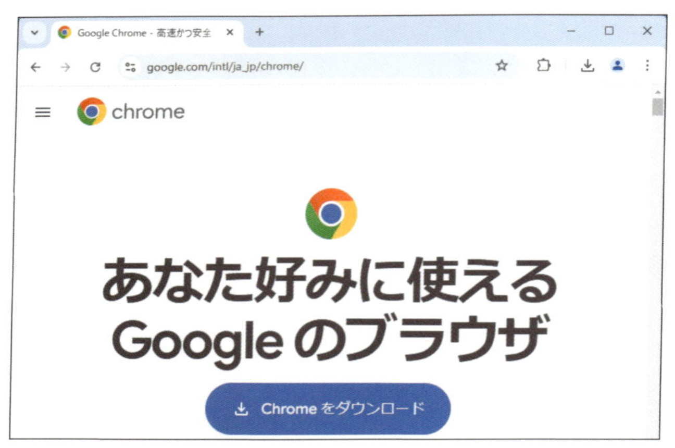

Microsoft Edge（エッジ）

Microsoft Edge（マイクロソフト エッジ）は、Windows 10からOS標準になったブラウザです。昨今はモバイル端末でウェブサイトを利用する人が多いため、シェア率のランキングなどでは「Google Chromeに次ぐ人気」とされることが多いのですが、常に一定以上のシェアを保っています。OS標準ブラウザならではの、AIとの親和性の高さなどが魅力です。

● Microsoft Edge

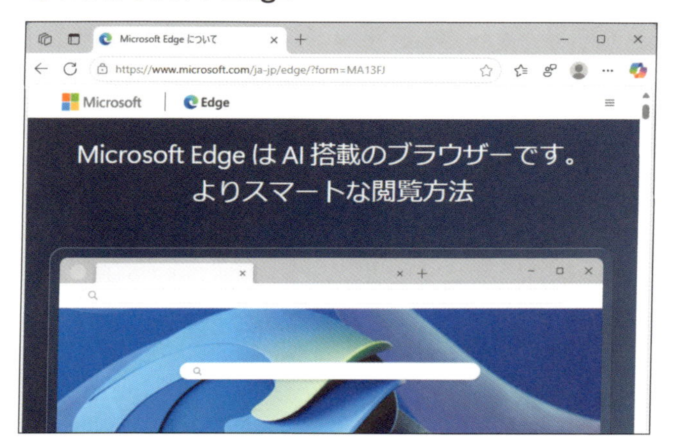

Safari（サファリ）

Safari（サファリ）は、macOSおよびiOSやiPadOSの標準ブラウザです。Macユーザーだけでなく、iPhoneやiPadユーザーの多くが利用しています。特に日本ではiPhone人気がとても高いため、公開済みのウェブサイトのアクセス解析を行うと「Safariによる閲覧数が飛び抜けて多い」という結果になることもあります。

● Safari

Mozilla Firefox（ファイアフォックス）

Mozilla Firefox（モジラ ファイアフォックス）はOS標準ブラウザではありませんが、一部のファンから人気が高いことで知られています。ソースコードが公開されているため、ユーザーの声が直接的に反映されています。また「アドオン」と呼ばれる拡張機能を使ってカスタマイズできるのが魅力です。

● Firefox

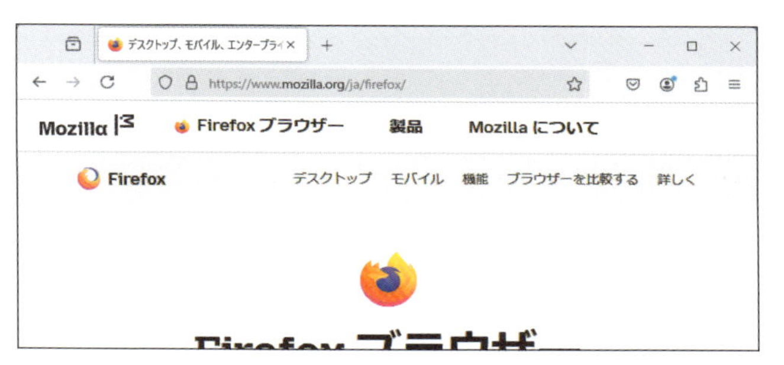

CHECK

表示結果の差異

デバイスの種類（パソコン、スマートフォン、タブレットなど）、画面のサイズ、搭載されているOS、さらにはウェブブラウザの種類やバージョンなど、さまざまな条件の掛け合わせによって、ウェブページの表示結果に大小の差異が生じる可能性があります。すべての環境で完全に同じ表示結果にする必要はありませんが、「レイアウトが大きく崩れていないか」「文字が読みづらくないか」など、できる限り多くの環境でチェックしておくと安心です。

▲Edgeで表示したところ

▲Safariで表示したところ

Lesson 05

Google Chromeをインストールしよう

本書では、Google Chromeを使って作業を進めていきます。まだインストールしていない場合は、ここでインストールしましょう。

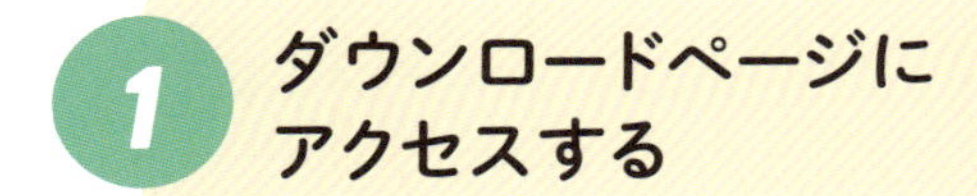

1 ダウンロードページにアクセスする

あらかじめパソコンにインストールされているウェブブラウザを起動して、画面上部のアドレスバーにhttps://www.google.com/chrome/を入力して❶、Enterキーを押します❷。

2 ダウンロードボタンをクリックする

Chromeのダウンロードページが表示されたら、画面上部の[Chrome をダウンロード]ボタンをクリックします❶。

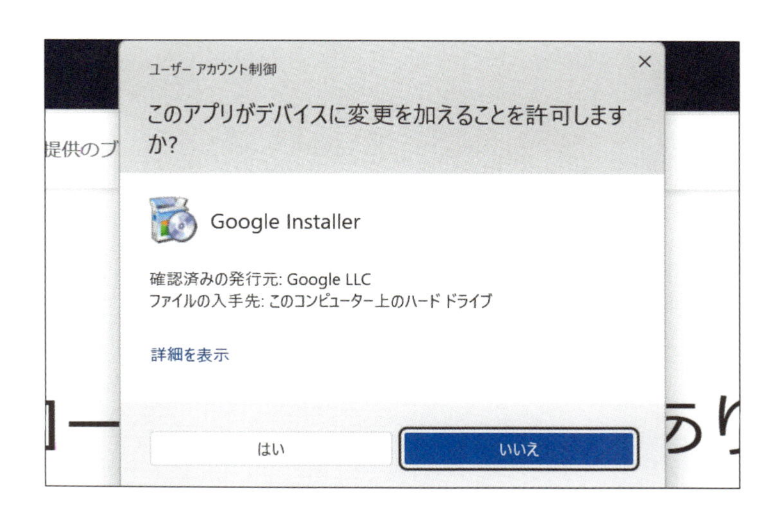

3 ChromeSetup.exeを起動する

ダウンロードしたファイル「ChromeSetup.exe」を起動し、手順に従ってインストールします。

MEMO

Windowsで「このアプリがPCに変更を加えることを許可しますか?」のダイアログボックスが表示されたら、確認したうえで［はい］ボタンをクリックします。

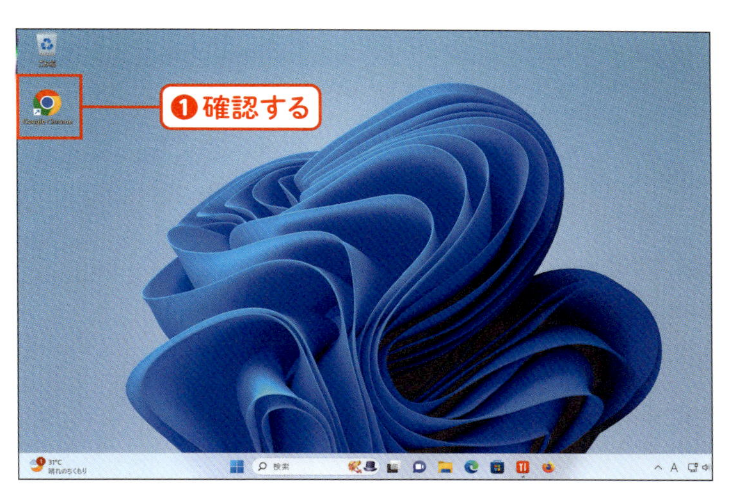

4 インストールされたことを確認する

Google Chromeが自動的にインストールされます。デスクトップにショートカットが作成されことを確認します❶。

MEMO

インストールしたアプリケーションは、［スタート］メニューから起動できるので、このショートカットは削除してもかまいません。

CHECK

MacにGoogle Chromeをインストールする

Macの場合は、手順❷でダウンロードしたファイル「googlechrome.dmg」をダブルクリックすると、インストール画面が表示されます。Google Chromeのアイコンを「アプリケーション」フォルダのエイリアスアイコンにドラッグ&ドロップするとインストール完了です。

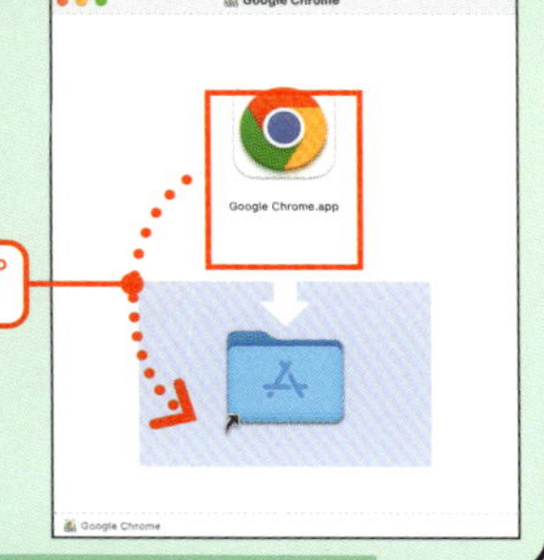

練習問題

問題1　次の空欄A～Cにあてはまる語句を、ア～エより選びなさい。

ウェブページを作るには、HTMLやCSSを編集するためのテキストエディタ、画像作成・編集用のアプリケーションの他、［　A　］にデータを転送するための［　B　］、ウェブページを表示するための［　C　］など、いくつかのアプリケーションが必要です。

ア　ウェブサーバ　　イ　素材集　　ウ　ウェブブラウザ　　エ　FTPクライアント

問題2　次の空欄D～Fにあてはまる語句を答えなさい。

ウェブページを閲覧するためのアプリケーションとして、代表的なのは、Windows 10からOS標準となった［　D　］、Googleが開発した［　E　］、MacやiPhoneで主に利用されている［　F　］などがあります。

問題3　次の空欄G～Iにあてはまる語句を、ア～エより選びなさい。

ウェブページ同士が連携、つまり［　G　］することで、ウェブページの集合体である［　H　］ができあがります。これにより、総合的な情報発信が可能になります。デザインの完成図ともいえる［　I　］を前もって用意しておくと、その後の制作作業をスムーズに進められます。

ア　ウェブサイト　　イ　デザインカンプ　　ウ　アップロード　　エ　リンク

問題4　ウェブサイトを公開するまでの一般的な流れとして正しい順番になるよう、ア～オを並べ直しなさい。

ア　原稿をまとめて、文章や画像の大まかな配置を決める
イ　全体の構成を考える
ウ　ウェブサーバにアップロードする
エ　ウェブブラウザで検証する
オ　HTML文書やCSSのコードを記述する

▶解答はP.186

Chapter 2

HTMLの基本を理解しよう

本章では、Windowsにあらかじめインストールされているテキスト編集ソフトのメモ帳（Macの場合はテキストエディット）を利用して、実際にHTML文書を作成していきます。HTML文書にはいくつかの約束事があるのですが、本章で学ぶ内容は、あらゆるHTML文書に共通する約束事です。しっかりマスターするために、1つ1つの手順を確認しながら作業を進めてください。また、本章で説明する「タグ」や「要素」といった用語は、次章以降にも繰り返し登場します。それぞれの用語が何を指しているのか理解しながら読み進めましょう。

HTMLの基本を理解しよう

完成イメージ

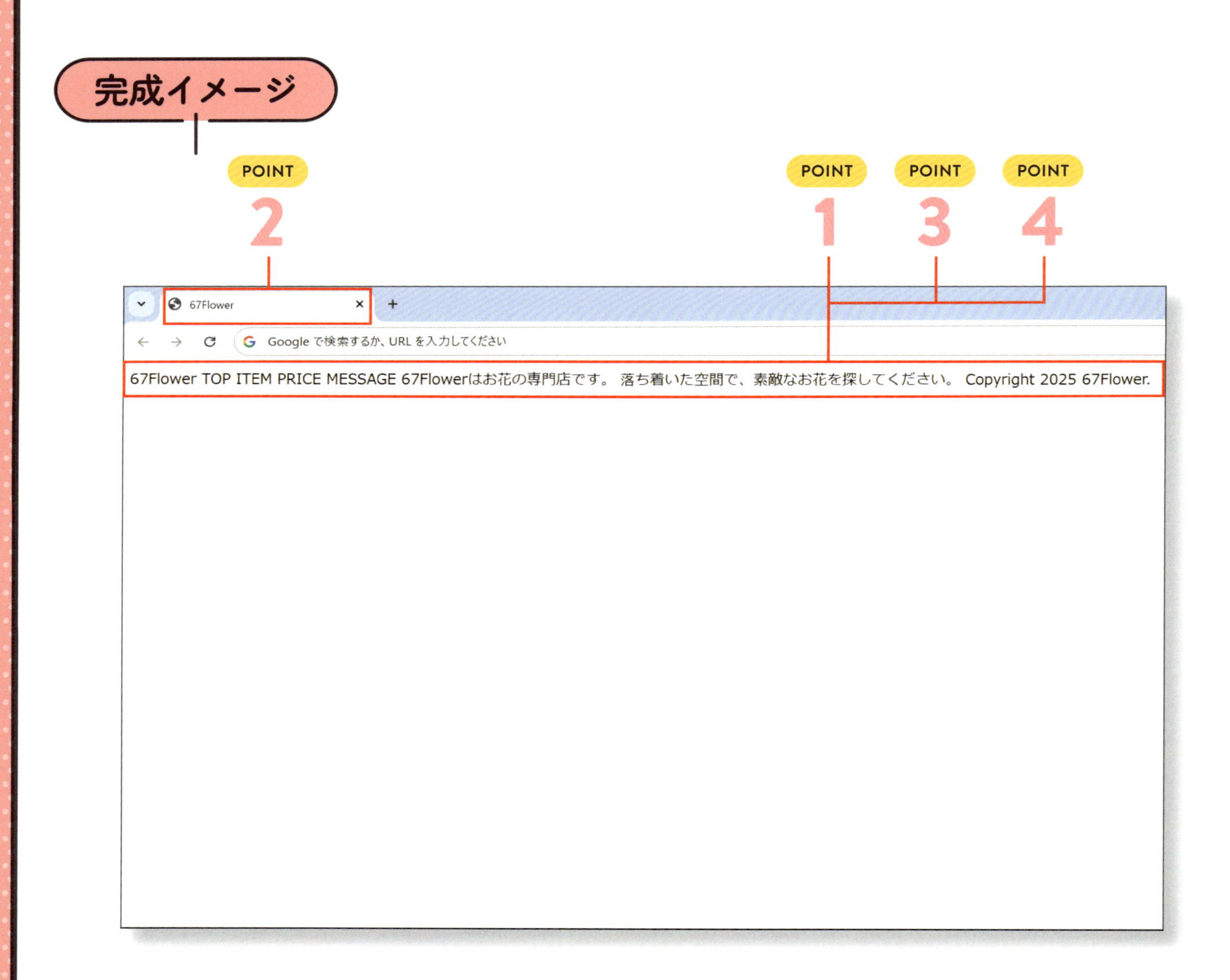

この章のポイント

POINT

1 基本のタグの入力

P.30

すべてのHTML文書に必要なタグを入力し、基本的な要素を作成する方法を学びます。

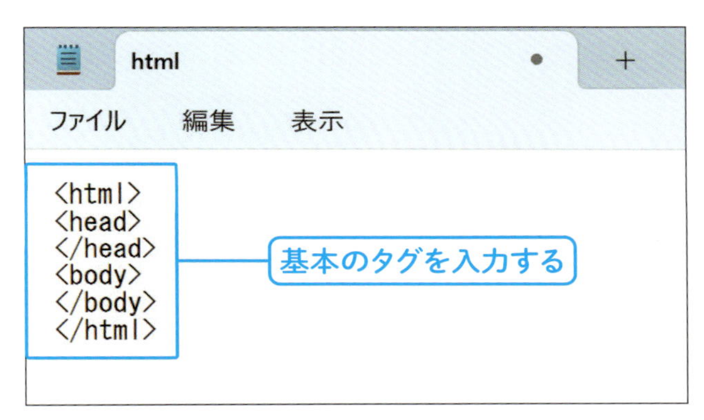

POINT

2 ページタイトルの設定

P.34

titleタグを入力し、ウェブページのタイトルを指定する方法を学びます。

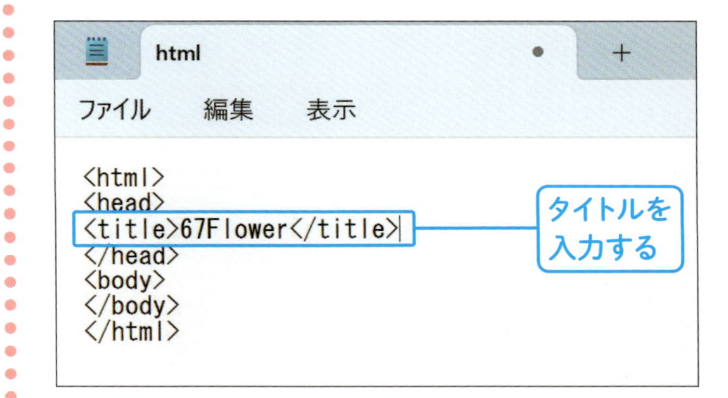

POINT

3 基本情報の設定

P.36

DOCTYPE宣言やメタ情報などを指定する方法を学びます。

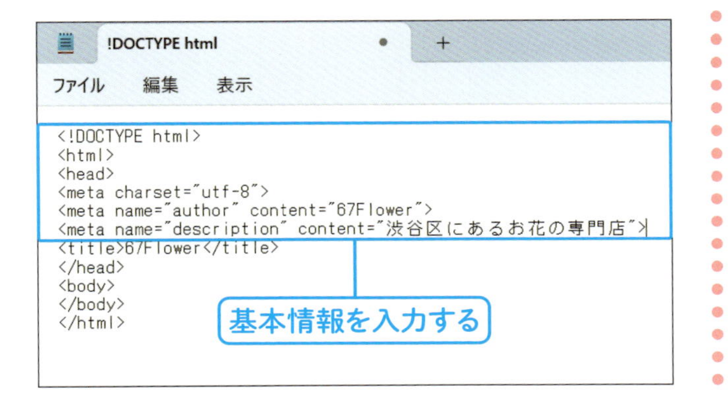

POINT

4 テキストの追加

P.40

ウェブページで発信するテキスト情報を追加する方法を学びます。

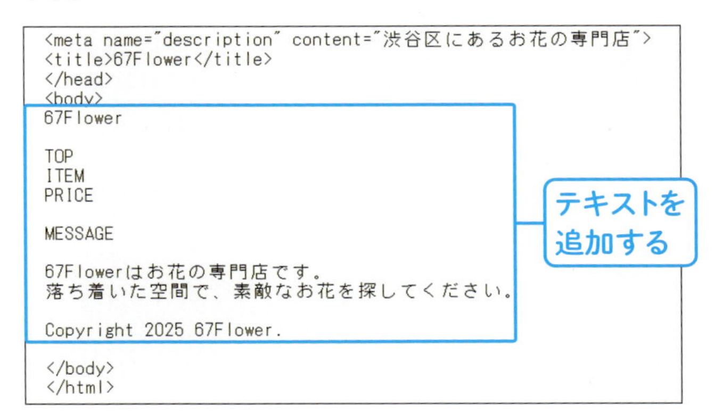

Lesson 01

テキスト作成の準備をしよう

本書では、HTML文書やCSSを記述するためにメモ帳（Macの場合はテキストエディット）を利用します。まずはアプリケーションの設定を確認しましょう。

1 スタートボタンをクリックする

[スタート] ボタンをクリックして❶、「すべて」をクリックします❷。Macの場合は [Finder] ウインドウのサイドバーの [アプリケーション] をクリックします。

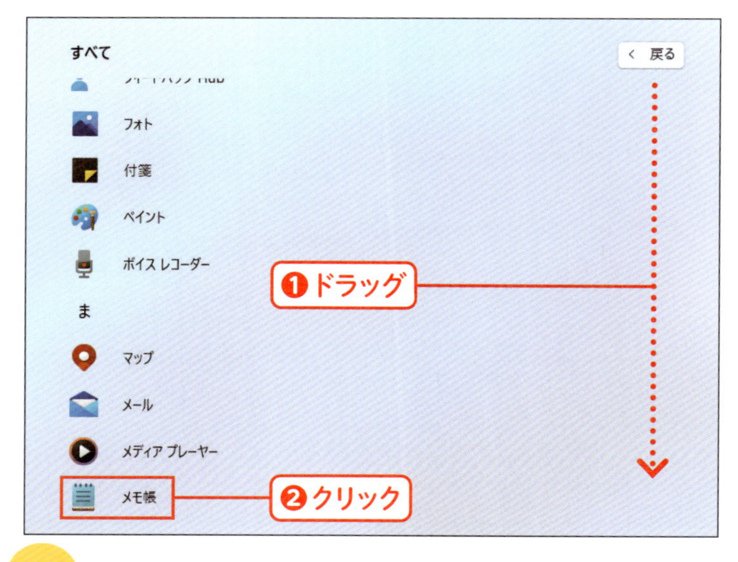

2 メモ帳を起動する

スクロールバーをドラッグし❶、[メモ帳] をクリックすると❷、メモ帳が起動します。Macの場合は [アプリケーション] の中にある [テキストエディット.app] をダブルクリックして起動します。P.29を参考にして[設定] を確認したのち、[ファイル] メニュー→ [新規] の順にクリックします。

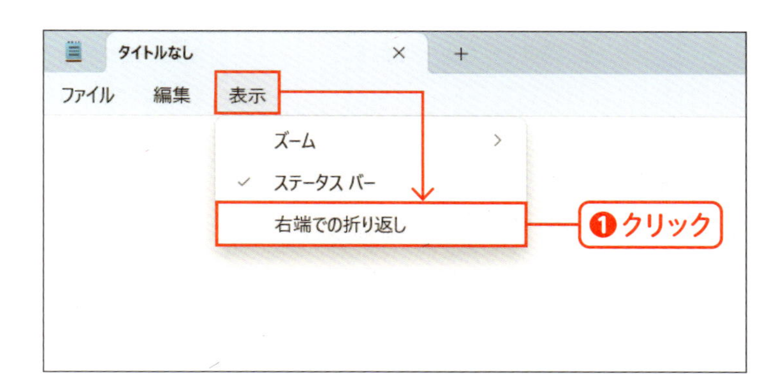

3 メモ帳の設定を変更する

Windowsのメモ帳は、行が折り返されずに文字が見えなくなってしまう場合があります。その場合は、[表示]メニュー→[右端での折り返し]の順にクリックして❶、チェックを入れます。

CHECK

Macのテキストエディットの[設定]を変更する

● [新規書類]タブの設定

Macのテキストエディットの[テキストエディット]メニュー→[設定...]の順にクリックし、[設定]パネルを表示して、[新規書類]タブ内にある"フォーマット"メニューの[標準テキスト]をクリックしてチェックを入れます❶。"オプション"メニューの[スペルを自動的に修正]と[スマート引用符]と[スマートダッシュ記号]をクリックしてチェックを外します❷。

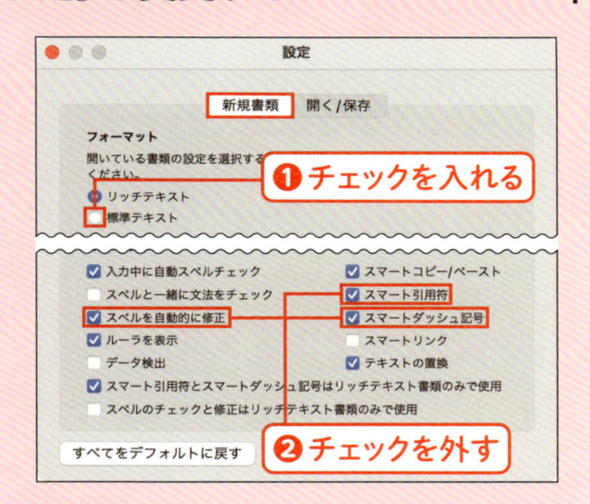

● [開く／保存]タブの設定

[設定]パネルの[開く／保存]タブに切り替えて、"ファイルを開くとき"メニューの[HTMLファイルを、フォーマットしたテキストではなくHTMLコードとして表示]をクリックして❶、チェックを入れます。設定変更がすべて終わったら、左上の閉じるボタンをクリックします❷。

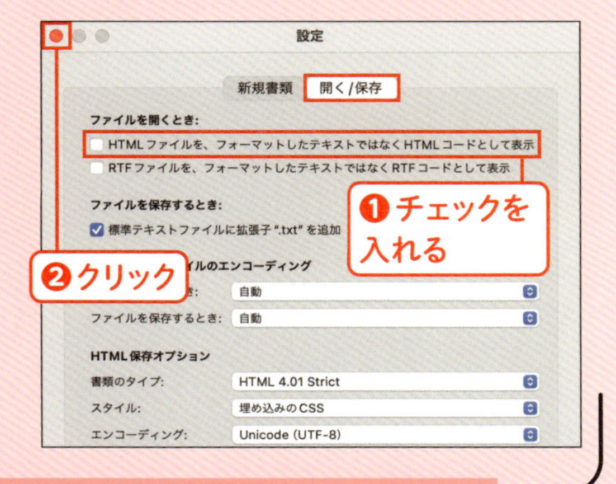

Lesson 02

実際に書いてみよう

まずはhtml、head、bodyという3種類のタグを使って、ウェブページを構成する基本的な要素を作成します。

要素とは

HTML文書における要素とは、開始タグ、内容、終了タグをひとまとめにしたものを指します。たとえば**htmlタグ**は<html>や</html>を指し、**html要素**は<html>から</html>までのすべてを指します。文書全体をhtmlタグで囲むことで、「これはHTML文書です」ということを表します。headタグで囲まれたヘッダ情報エリア（head要素）には、その文書のタイトルや概要、著作権に関する情報など、ページについてのメタ情報を記述します。また、デザイン情報が記述されたCSSファイルとの関連情報など、ウェブページとして公開するにあたって必要となるさまざまな情報を記述します。bodyタグで囲まれた本文エリア（body要素）には、ウェブブラウザで表示される情報（文章や画像など）を記述します。これらは、すべてのHTML文書で必要とされる要素です。

基本的な要素

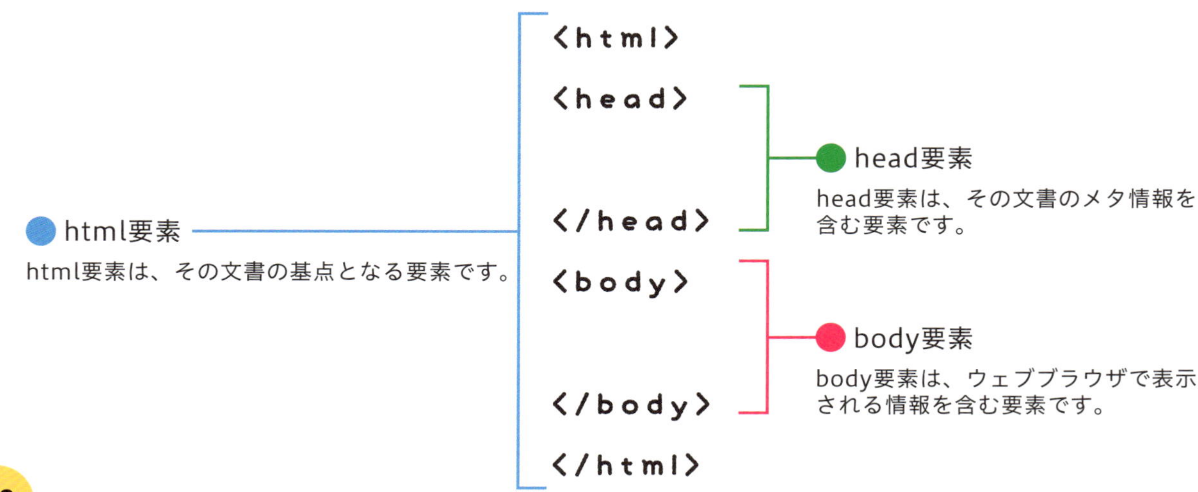

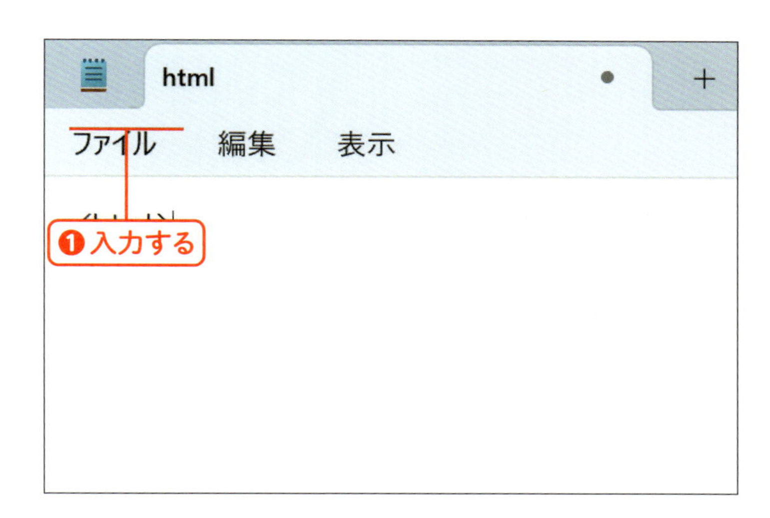

1 <html>を入力する

HTML文書の始まりを示す<html>を、半角英数字で入力します❶。「<」は、山括弧（アングルブラケット）と呼び、Shiftキーを押しながら、「<」と印字されているキーを押すと入力されます。

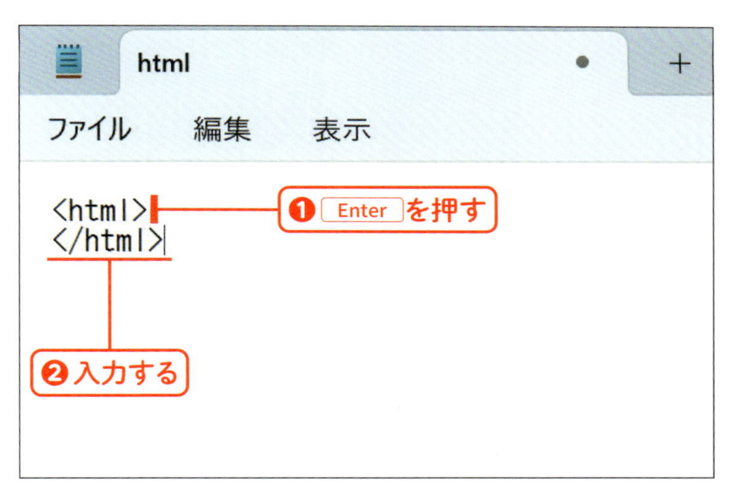

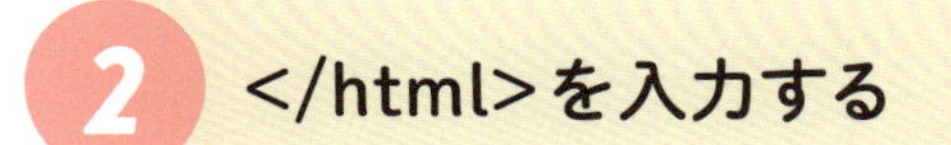

2 </html>を入力する

Enterキーを押して❶、改行します。HTML文書の終わりを示す</html>を入力します❷。

> **MEMO**
> 終了タグは、先頭に「/」を入力するのを忘れないようにしましょう。

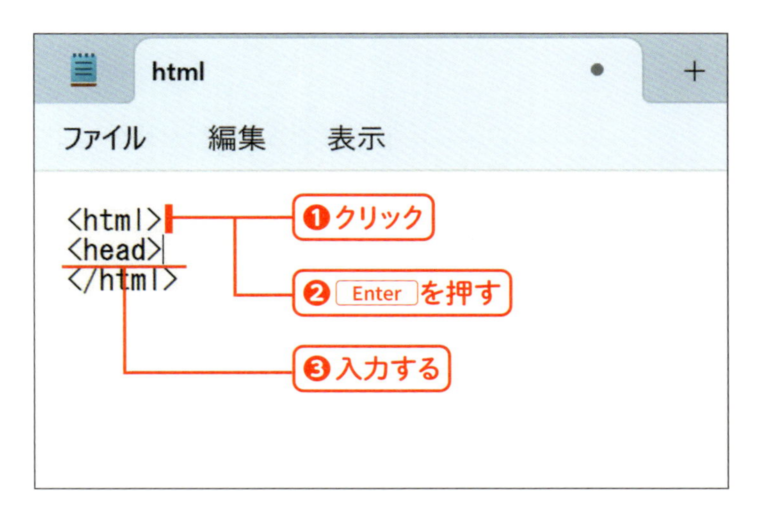

3 <head>を入力する

<html>の直後をクリックして❶、Enterキーを押します❷。ヘッダ情報エリアの始まりを示す<head>を入力します❸。

> **MEMO**
> 本書ではMacのreturnキーやenterキーもEnterキーと表記しています。

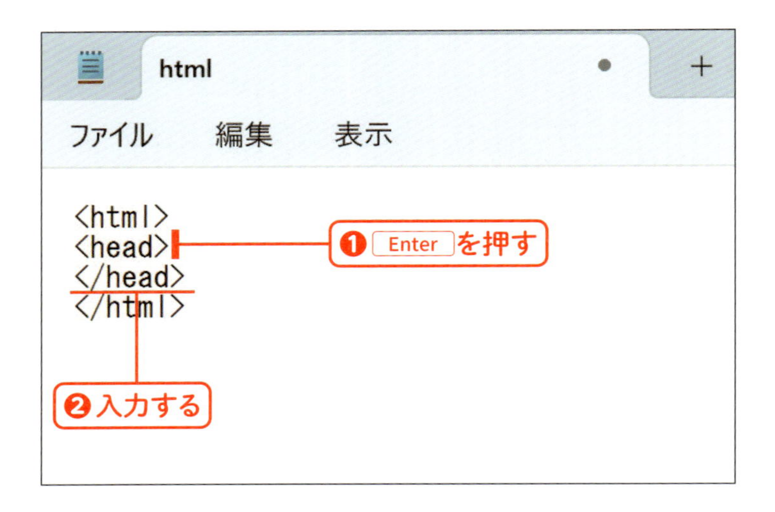

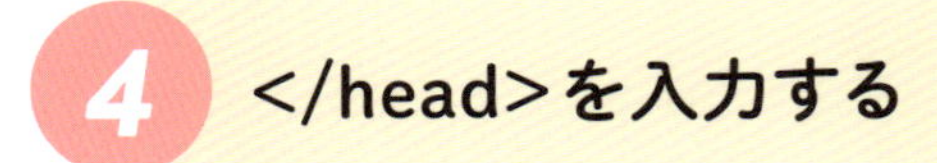

4 </head>を入力する

Enter キーを押して❶、改行します。ヘッダ情報エリアの終わりを示す**</head>**を入力します❷。

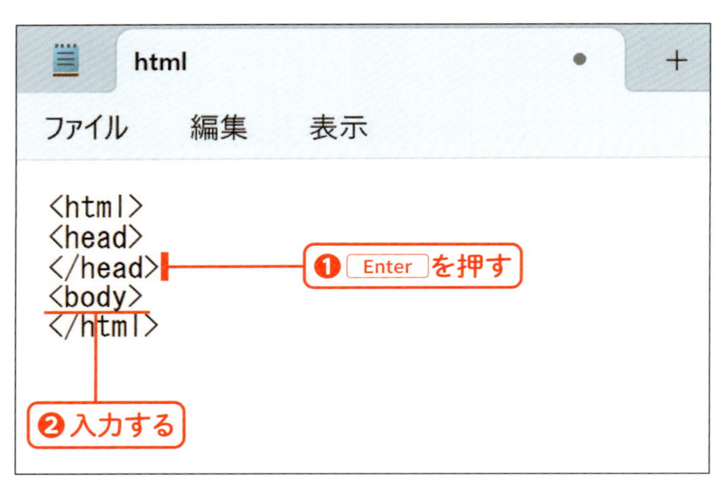

5 <body>を入力する

Enter キーを押して❶、改行します。本文エリアの始まりを示す**<body>**を入力します❷。

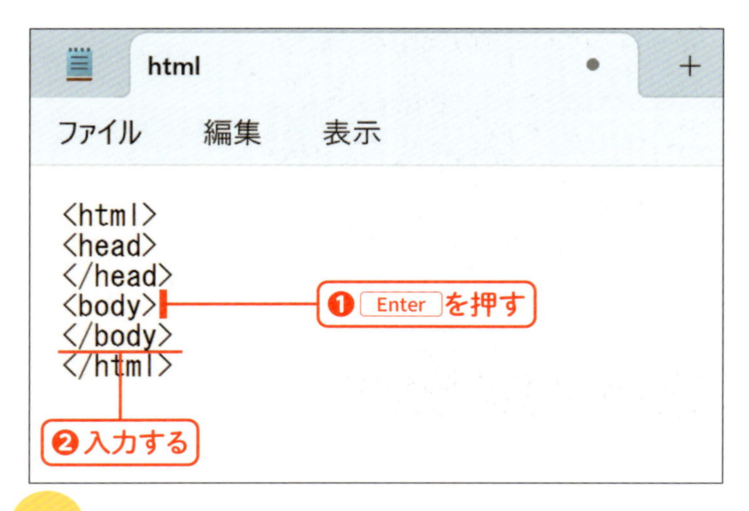

6 </body>を入力する

Enter キーを押して❶、改行します。本文エリアの終わりを示す**</body>**を入力します❷。基本のタグを入力することができました。

CHECK

ファイルの拡張子を表示する

WindowsもMacも、初期設定のままだとファイルの拡張子が表示されませんが、ウェブサイト制作の際には拡張子を表示することをおすすめします。以下の手順で設定を変更してください。

Windowsの場合

エクスプローラーで［表示］をクリックして❶、［表示 >］→「ファイル名拡張子」の順にクリックして❷、チェックを入れます。

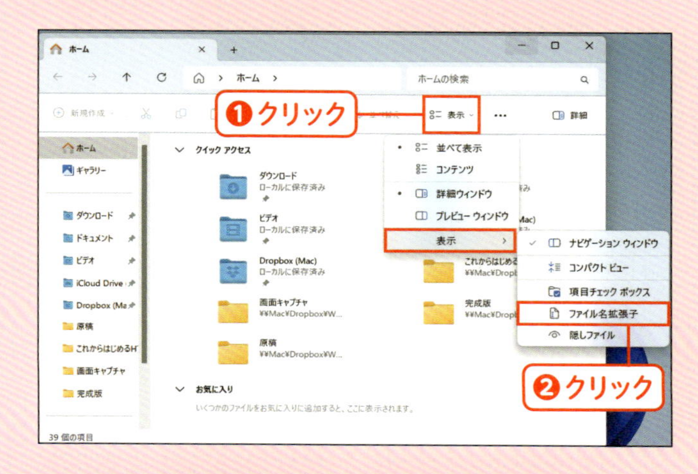

Macの場合

Finderを表示して、［Finder］メニュー→［設定 ...］の順にクリックし❶、［詳細］パネルにて［すべてのファイル名拡張子を表示］をクリックして❷、チェックを入れます。

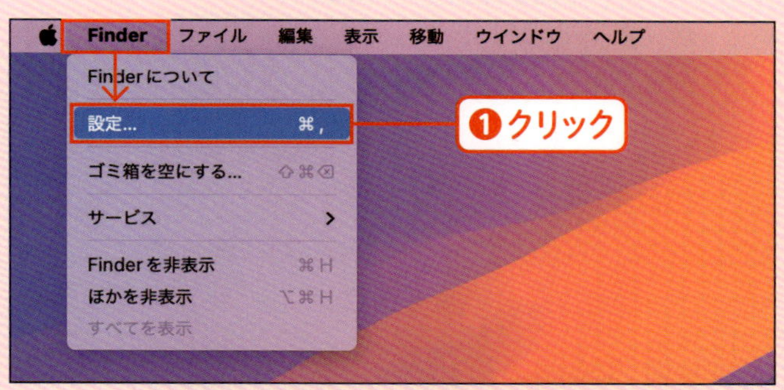

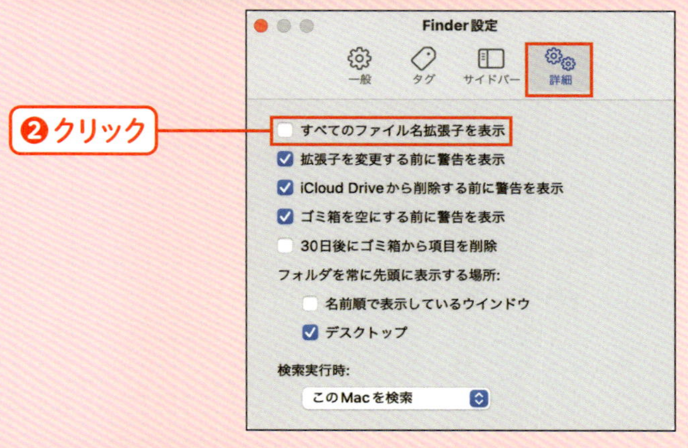

Lesson 03

ページタイトルを決めよう

ページタイトルはウェブページにとって重要な情報です。どんなことが書かれたページなのか、ひと目で内容がわかるようなタイトルを付けましょう。

ウェブページのタイトルとは

HTML文書で指定されたタイトルは、ウェブブラウザの**タブ**に表示されます。ウェブサイト作成用の専用ソフトなどでは、自動的に「無題ドキュメント」といったタイトルが割り当てられることがありますが、うっかり忘れてそのままにしておかないようにしましょう。

ユーザーが気に入ったページを**お気に入り**に登録すると、ページタイトルがそのまま記録されます。そのため、たとえばお店のウェブサイト内のページタイトルが「ITEM」だと、後からお気に入りリストを見たときに、どこのお店の商品ページなのかがわかりません。**ITEM | 67Flower**のように、店名を |（バーティカルライン）でつないで記述するなどしておきましょう。また、長すぎるページタイトルはすべて表示されないことがあるので気を付けましょう。

● ウェブページのタイトル

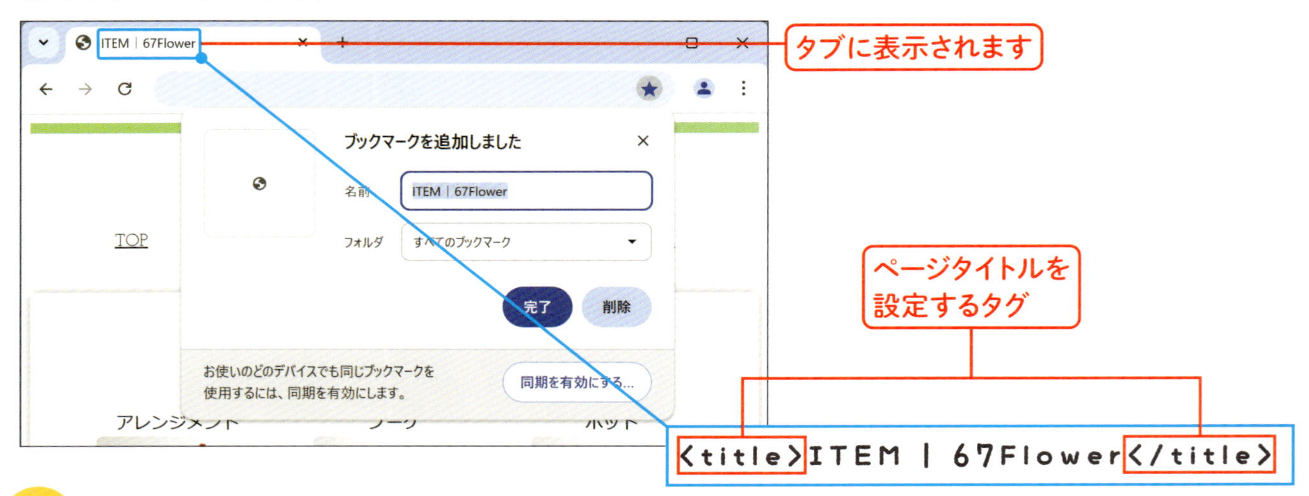

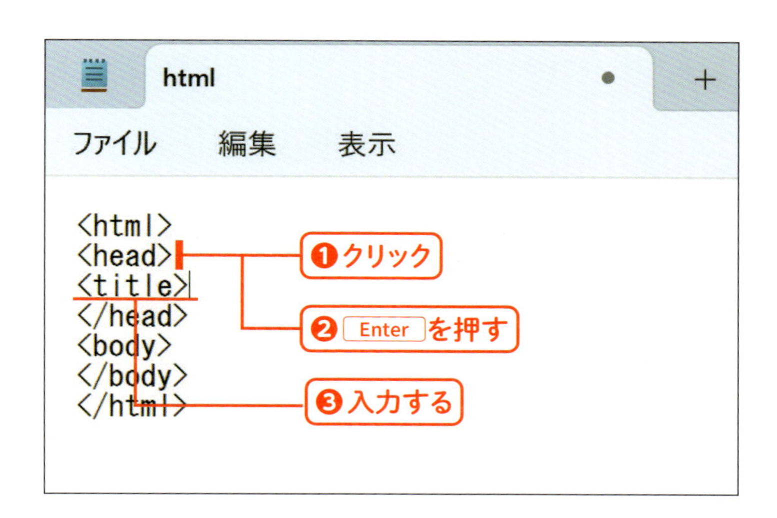

1 <title>を入力する

<head>の直後をクリックして❶、Enter キーを押します❷。ページタイトルの始まりを示す**<title>**を入力します❸。

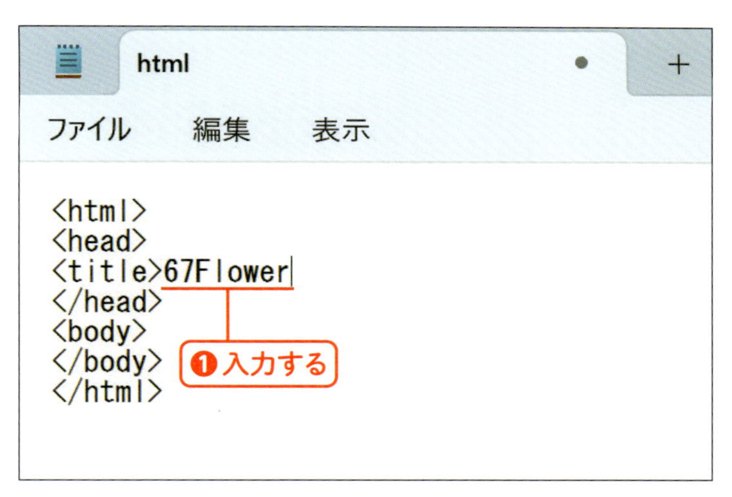

2 タイトルを書く

ページの内容にふさわしいページタイトルを記述します。ここでは、お店の名前をページタイトルにするために、**67Flower**と入力します❶。

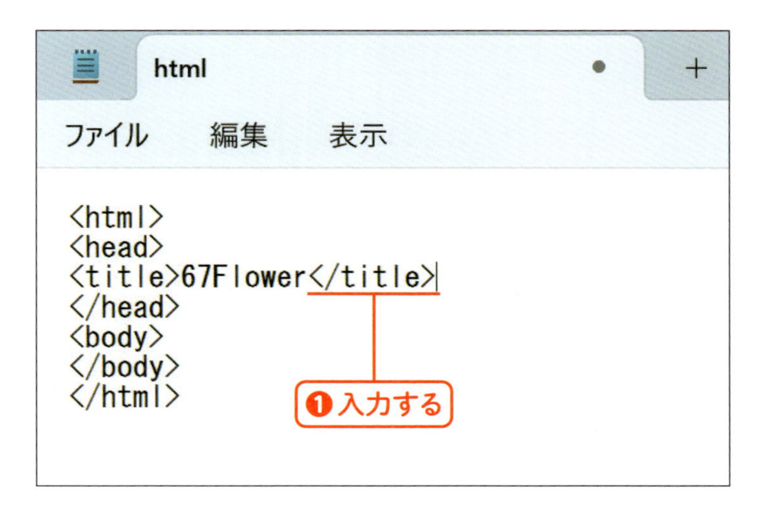

3 </title>を入力する

続けて、ページタイトルの終わりを示す**</title>**を入力します❶。

Lesson 04

文書の基本情報を記述しよう

HTML文書には、最低限必要な記述がいくつかあります。表示に影響するものもあるので、忘れずに記述しましょう。

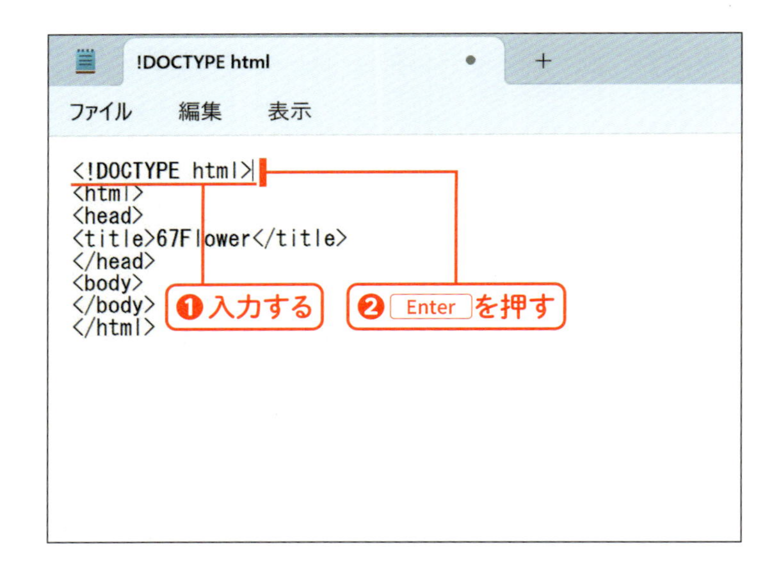

1 DOCTYPE宣言を入力する

HTMLには「バージョン」のようなものがあり、それぞれに、使用できるタグなどが決められています。「どのバージョンで記述するか」を示す**DOCTYPE(ドックタイプ)宣言**を入力するため、先頭行をクリックして、<html>の直前に**<!DOCTYPE␣html>**を入力し❶、Enterキーを押します❷。ここで記述したのは、HTML5以降のDOCTYPE宣言です。半角スペース(本書では␣と表記)の入力を忘れると、ウェブページが正しく表示されません。

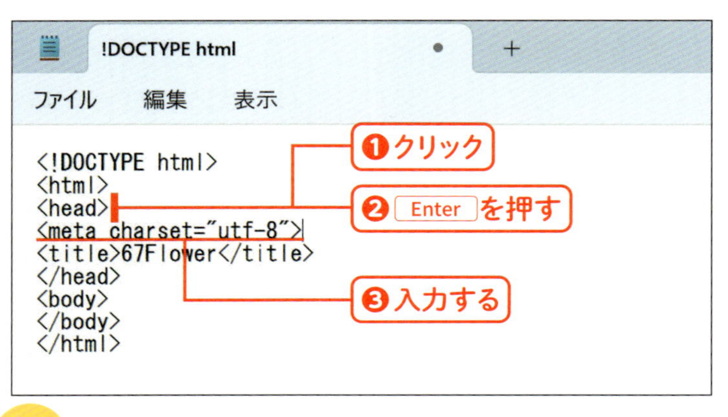

2 文字に関する情報を入力する

<head>の直後をクリックして❶、Enterキーを押し❷、**<meta␣charset="utf-8">**を入力します❸。metaは、文書全体に関わる情報を記述するためのタグです。charsetは、文字に関する情報を指定するための**属性**です。属性は、要素に機能や役割を追加するための情報です(P.62参照)。

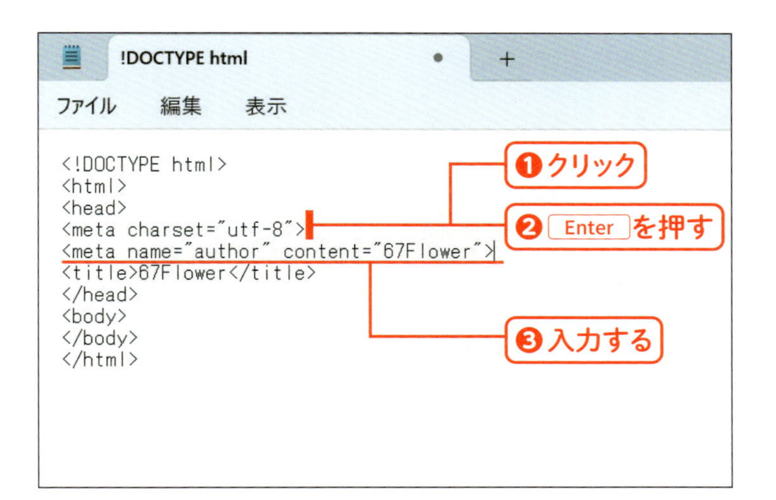

3 作者情報を入力する

<meta charset="utf-8">の直後をクリックして❶、Enter キーを押し❷、**<meta␣name="author"␣content="67Flower">**を入力します❸。「この文書の作者は67Flower」という情報を追加したことになります。自分のページを作成するときは、67Flowerを任意の名前（個人名、社名など）に変更してください。

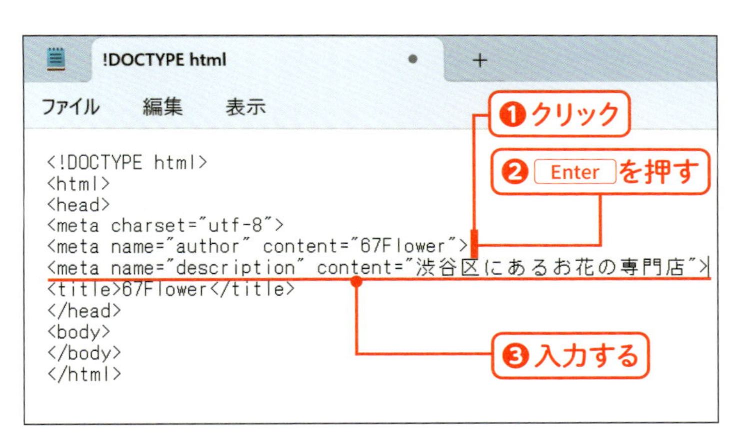

4 概要文を入力する

<meta name="author" content="67Flower">の直後をクリックして❶、Enter キーを押し❷、**<meta␣name="description"␣content="渋谷区にあるお花の専門店">**を入力します❸。「この文書は渋谷区の花の専門店について書かれている」という情報を追加したことになります。

CHECK

utf-8とは

HTML文書の文字に関する情報を指定するには、utf-8、Shift_JIS、EUC-JPなどを記述します。これらは文字セットと呼ばれmeta要素で指定されたものとファイル保存時に指定するものが異なると、ウェブブラウザで表示したときに文字化けすることがあるので注意しましょう。HTML文書やCSSファイルは、utf-8を用いるのが一般的とされています。なお、<meta charset="UTF-8">のように大文字で記述しても問題ありません。

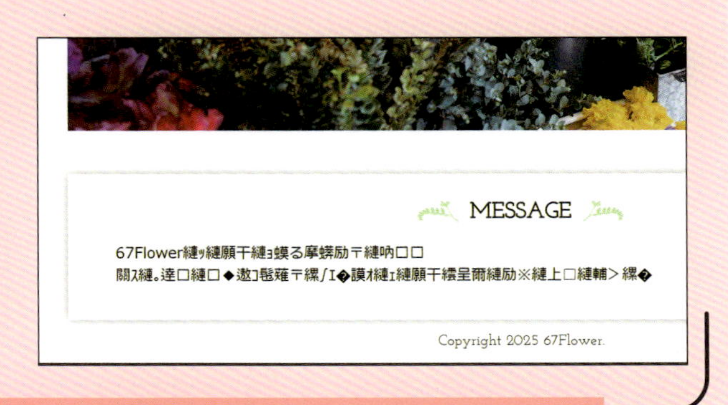

Lesson 05

HTMLファイルを保存しよう

作成したHTML文書を保存しましょう。何らかの理由でパソコンがフリーズしたり、突然電源が落ちてしまう可能性もあります。ファイルはこまめに保存しましょう。

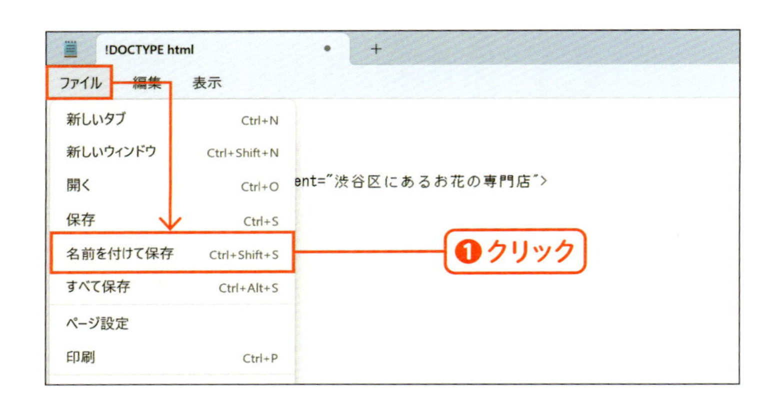

1 保存ダイアログを表示する

[ファイル]メニュー→[名前を付けて保存](Macの場合は[保存...])の順にクリックします❶。

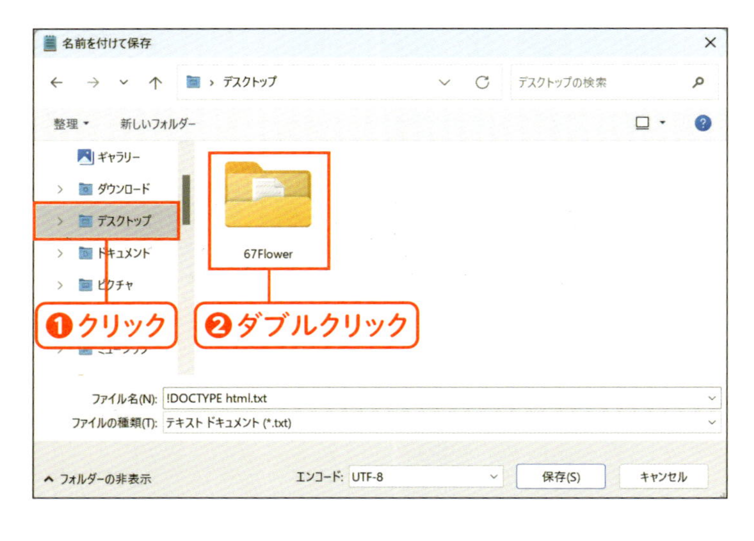

2 保存先フォルダーを指定する

HTMLファイルの保存先のフォルダーを指定します。[名前を付けて保存]ダイアログボックスで、[デスクトップ]をクリックします❶。[67Flower]フォルダーをダブルクリックします❷。

MEMO

サンプルファイルを含んだフォルダーは、事前にデスクトップにコピーしておきます。コピーの方法はP.9～10を参照してください。

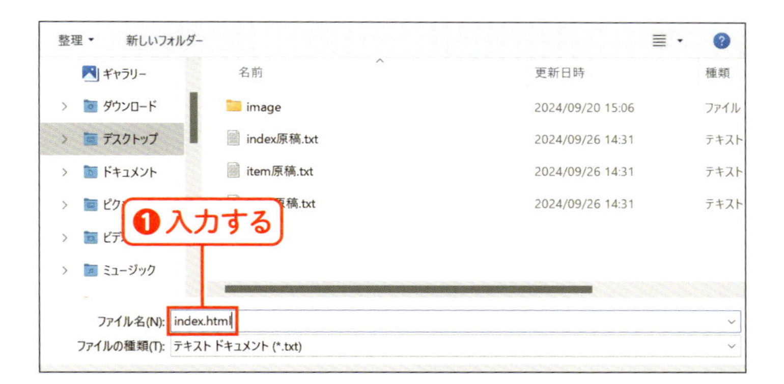

3 ファイル名を指定する

［ファイル名］（Macの場合は［名前］）に「index.html」と半角英数字で入力します❶。

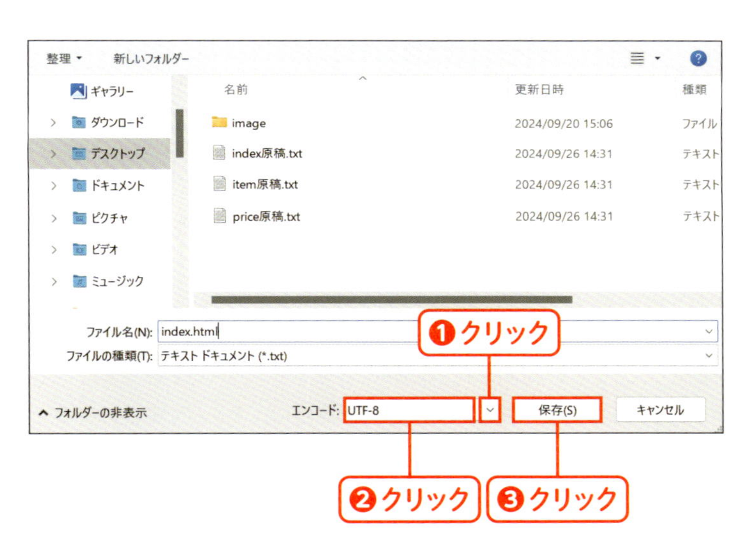

4 エンコードを変更して保存する

［エンコード］のプルダウンメニューをクリックし❶、「UTF-8」をクリックして❷、選択します。［保存］ボタンをクリックします❸。

MEMO

Macの場合は、［標準テキストのエンコーディング］から［Unicode（UTF-8）］を選択します。また、［保存］ボタンをクリックした後に表示されるダイアログで［".html"を使用］ボタンをクリックします。

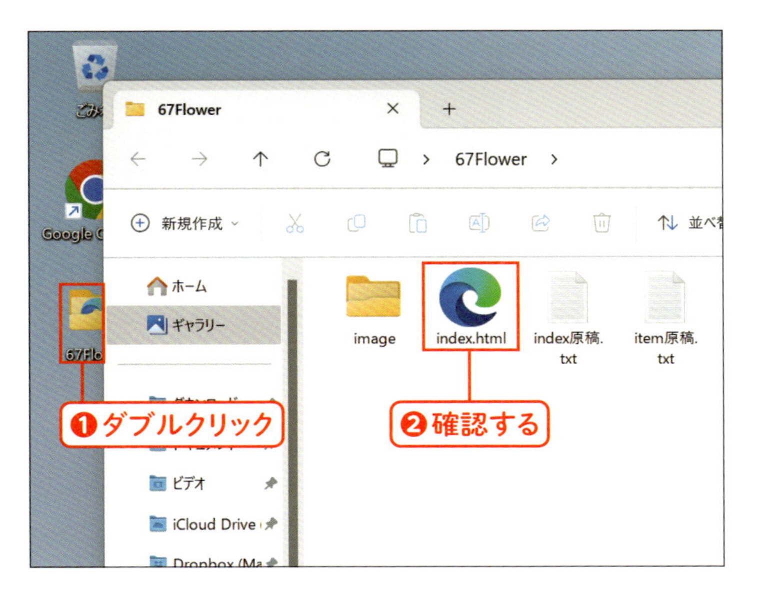

5 確認する

デスクトップの［67Flower］フォルダーをダブルクリックして❶、フォルダーを開き、index.htmlが作成されていることを確認します❷。この段階では、ダブルクリックしてファイルを開いても何も表示されません。

MEMO

お使いのパソコンの設定によっては、異なるアイコンが表示される場合があります。

Lesson 06

テキストを追加しよう

HTML文書の本文部分を作成しましょう。あらかじめ用意したテキスト原稿を、先ほど保存したHTMLファイルに貼り付けます。

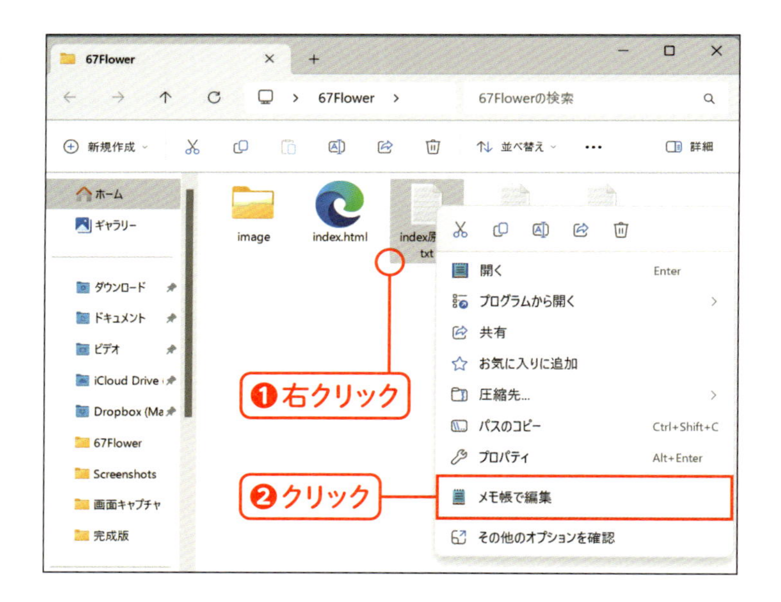

1 原稿ファイルを開く

デスクトップの[67Flower]フォルダーの中の[index原稿.txt]ファイルを右クリックし❶、[メモ帳で編集](Macの場合は[このアプリケーションで開く]→[テキストエディット.app])をクリックして❷、本書のサンプルファイル「index原稿.txt」を開きます。

MEMO

拡張子が表示されていない場合は、P.33を参考に設定を変更してください。

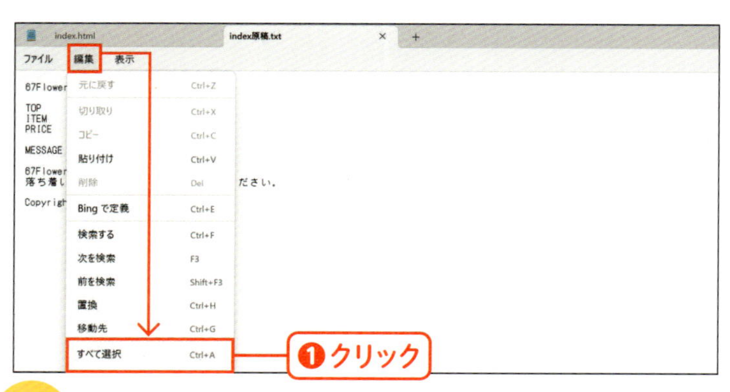

2 内容を選択する

[編集]メニュー→[すべて選択](Macの場合は[すべてを選択])の順にクリックします❶。

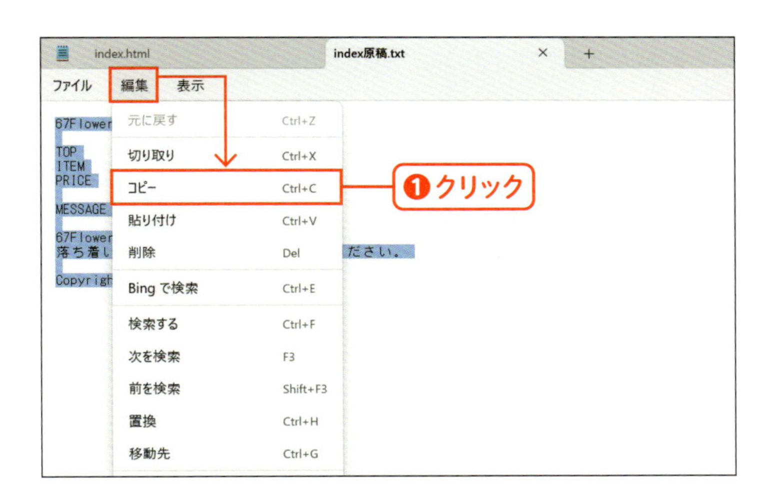

3 内容をコピーする

[編集]メニュー→[コピー]の順にクリックします❶。

MEMO

Ctrl+A（Macの場合はcommand+A）キーを押すと、すべてのテキストを選択することができます。また、Ctrl+C（Macの場合はcommand+C）キーを押すと、選択したテキストをコピーできます。

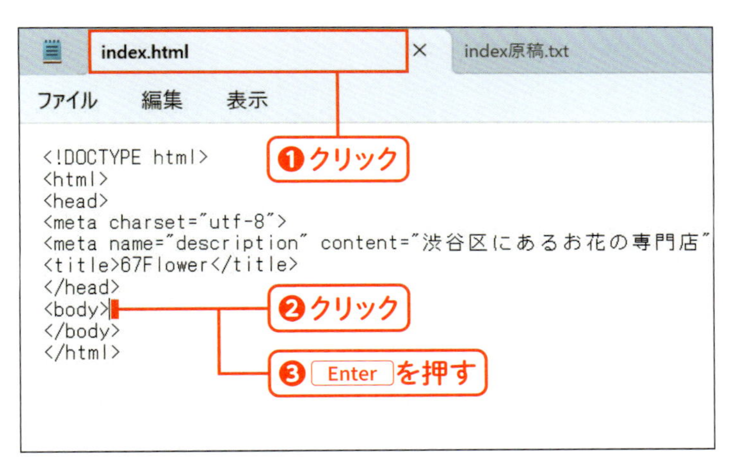

4 index.htmlに切り替える

メモ帳のタブをクリックして❶、index.htmlに切り替えます。Macの場合は、テキストエディットの[ウィンドウ]メニュー→[index.html]の順にクリックします。index.htmlを閉じてしまっている場合は、P.40手順❶を参考にして、index.htmlファイルをメモ帳で開きます。<body>の直後をクリックして❷、Enterキーを押します❸。

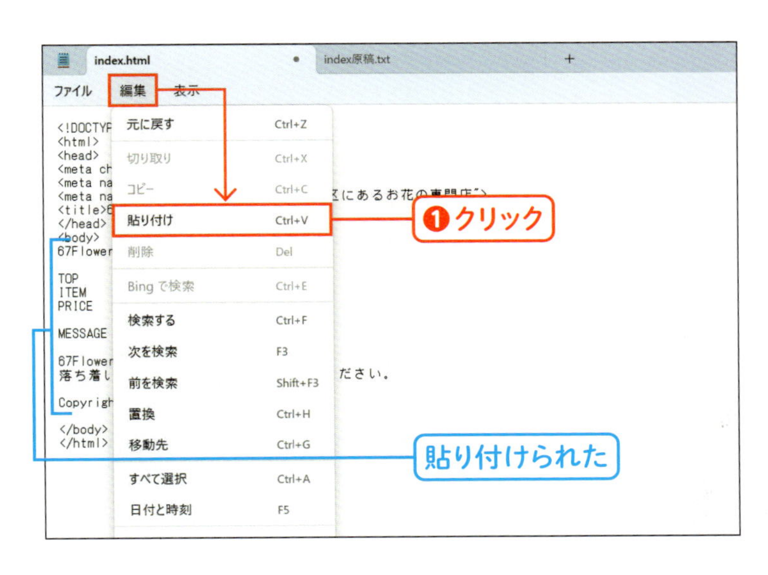

5 内容を貼り付ける

[編集]メニュー→[貼り付け]（Macの場合は[ペースト]）の順にクリックします❶。「index原稿.txt」の内容を貼り付けられたら、[ファイル]メニュー→[保存]の順にクリックして、ファイルを保存しておきます。

MEMO

少し作業が進んだら、そのつど保存するようにしましょう。

Lesson 07

ウェブブラウザで確認しよう

HTMLファイルをウェブブラウザで開いて、内容が反映されているかどうか確認します。変更を加えるたびに確認することで、ウェブサイト制作をスムーズに進められます。

1 フォルダーを開く

デスクトップに作成した[67Flower]フォルダーをダブルクリックします❶。

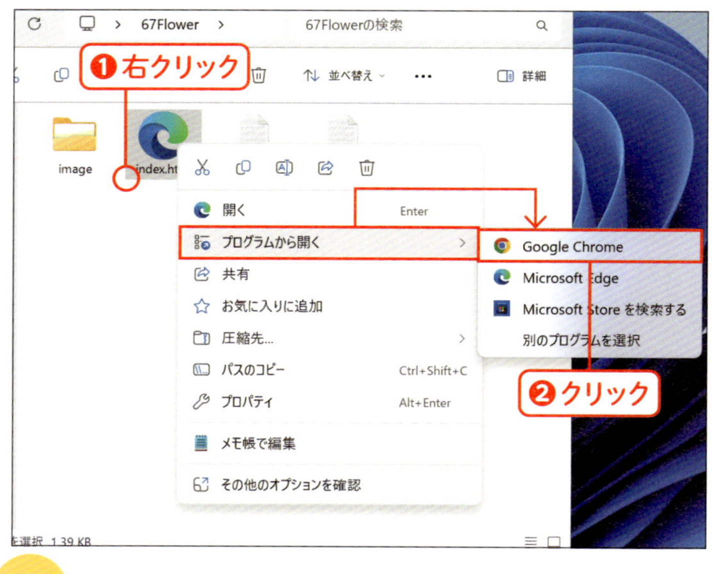

2 ファイルを開く

[67Flower]フォルダーの中のindex.htmlを右クリックし❶、[プログラムから開く]→[Google Chrome]の順にクリックして❷、Google Chromeでindex.htmlを開きます。Macの場合は、[このアプリケーションで開く]→[Google Chrome.app]の順にクリックします。

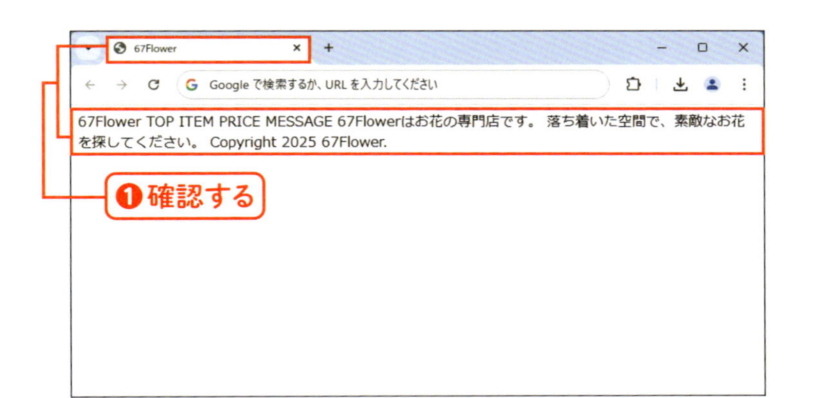

3 ウェブページを確認する

Google Chromeが起動して、ウェブページが表示されます。ページタイトルと、先ほど貼り付けた内容が表示されていることを確認します❶。

CHECK

コメントを記述する

HTML文書には、コードに関するメモなどをコメントとして書いておくことができます。文章の直前に<!--を、文章の直後に-->を入力すると、その文章はコメントとして認識されます。コメントはウェブブラウザ上には表示されません。次に更新する際に気を付けたいポイントや、削除してはいけない情報をコメントとして書き残しておくことで、ウェブページを後から編集するときのヒントになります。ただし、これらのコメントはコードを表示すれば誰でも自由に読めるので、個人情報などを記述することのないよう注意しましょう。

コメントを入力した

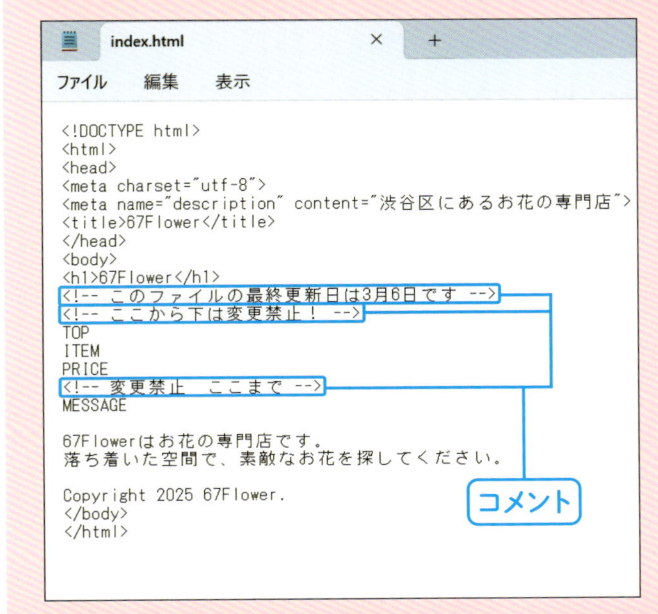


```
<!DOCTYPE html>
<html>
<head>
<meta charset="utf-8">
<meta name="description" content="渋谷区にあるお花の専門店">
<title>67Flower</title>
</head>
<body>
<h1>67Flower</h1>
<!-- このファイルの最終更新日は3月6日です -->
<!-- ここから下は変更禁止！ -->
TOP
ITEM
PRICE
<!-- 変更禁止 ここまで -->
MESSAGE

67Flowerはお花の専門店です。
落ち着いた空間で、素敵なお花を探してください。

Copyright 2025 67Flower.
</body>
</html>
```

コメントは表示されない

67Flower
ファイル

67Flower

TOP ITEM PRICE MESSAGE 67Flowerはお花の専門店です。 落ち着いた空間で、素敵なお花を探

練習問題

問題1 次の空欄A～Cにあてはまる語句を答えなさい。

すべてのウェブページは、以下の3つの要素から成り立っています。3つの要素は、HTML文書であることを示す［ A ］要素、ヘッダ情報エリアであることを示す［ B ］要素、本文エリアであることを示す［ C ］要素です。

問題2 次の情報を表すための、3つのmeta要素を記述しなさい。

文書の文字に関する情報がutf-8
文書の作者が「グリーンカフェ」
文書の概要が「グリーンカフェの紹介」

問題3 次の空欄D～Fにあてはまる語句をア～オより選びなさい。

HTML文書を作成する際にうっかりやってしまいがちなことの1つに、［ D ］の記述忘れがあります。お気に入りリストでも使用される大切な情報なので、かならず記述しましょう。また文書を保存する際には、ファイル名に拡張子［ E ］を付けるのを忘れないでください。このとき、meta要素で指定した［ F ］と同じになっているかどうか、保存ダイアログボックスをよく確認しましょう。間違うと文字化けの原因になります。

ア utf-8　イ .txt　ウ title要素　エ .html　オ エンコード

▶解答はP.186

Chapter

3

ウェブページを作ろう

本章では、本格的なHTMLのタグ付け作業を進めていきます。適切なタグを付けることで、ウェブブラウザなどが文書を理解し、独自の判断でさまざまに処理できるようになります。その結果、パソコンやスマートフォンで「見ている」ユーザーだけでなく、スクリーンリーダー（音声読み上げ機能）を使ってサイトを「聞いている」ユーザーなど、こちらが想定していないユーザーに対しても、正しい情報提供が可能になります。紹介するタグはいずれも、利用頻度だけでなく重要性も高いものばかりなので、それぞれの意味や正しい記述方法を押さえておきましょう。

ウェブページを作ろう

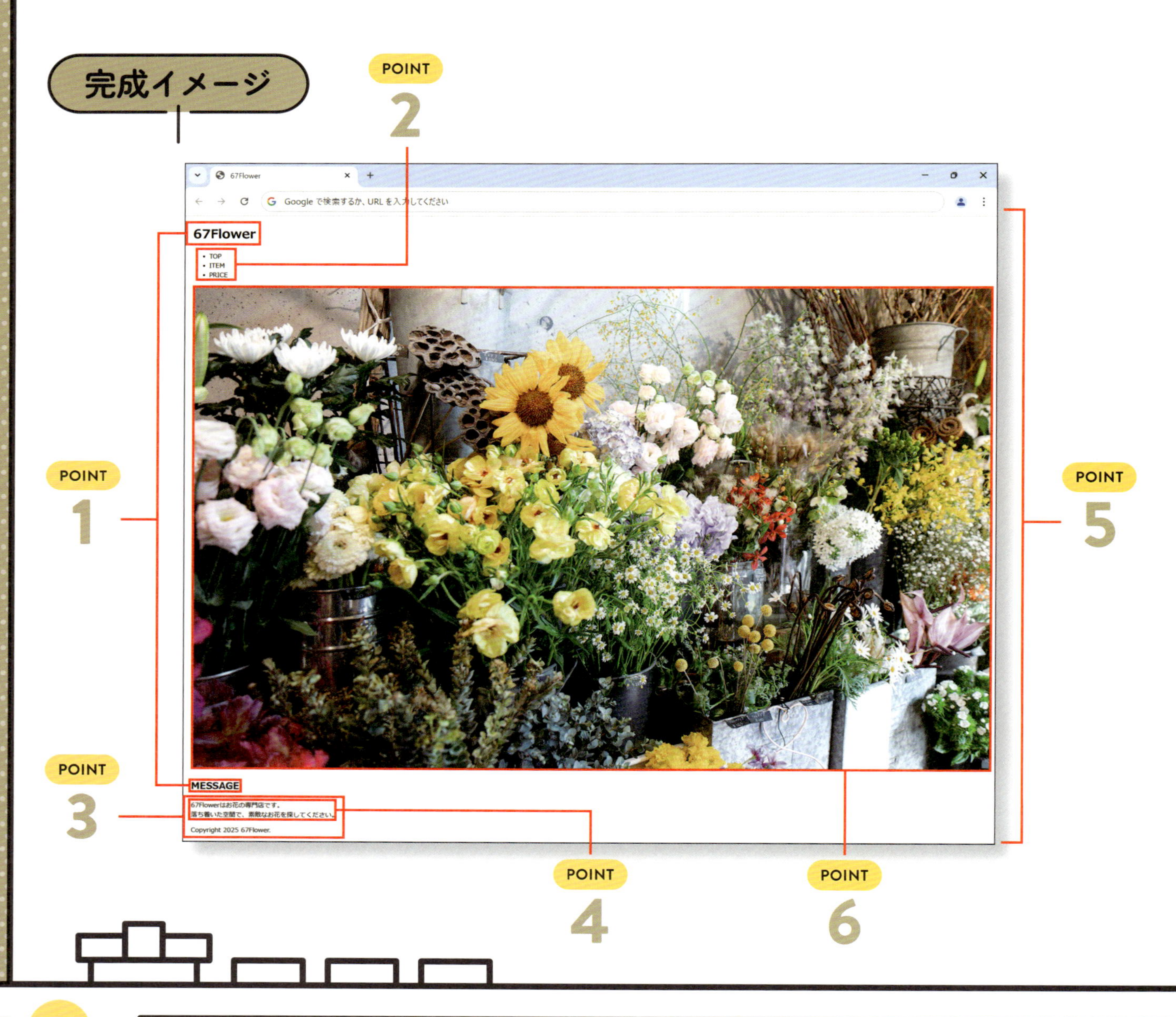
完成イメージ
POINT 2
67Flower
Google で検索するか、URL を入力してください
67Flower
TOP
ITEM
PRICE
POINT 1
POINT 5
POINT 3
MESSAGE
67Flowerはお花の専門店です。
落ち着いた空間で、素敵なお花を探してください。
Copyright 2025 67Flower.
POINT 4
POINT 6

この章のポイント

POINT

1 見出しの作成

P.48

文章を読みやすさに不可欠な見出しを作成する方法を学びます。

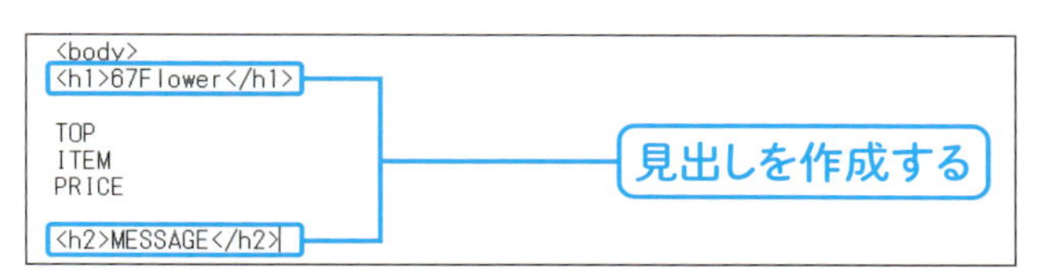

POINT

2 箇条書きの作成

P.52

箇条書きを作成する方法を学びます。

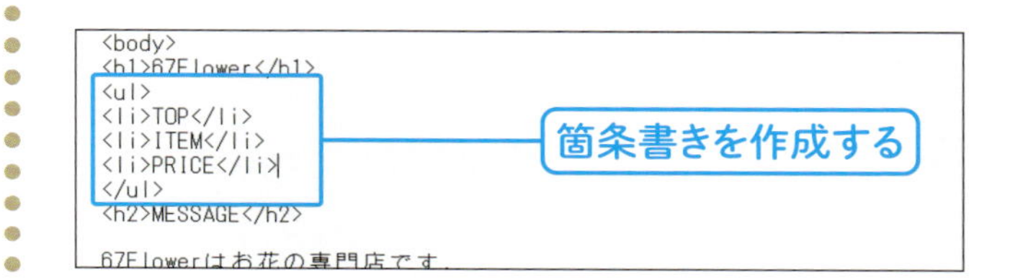

POINT

3 段落の作成

P.54

段落を作成する方法を学びます。

段落を作成する

```
</ul>
<h2>MESSAGE</h2>

<p>67Flowerはお花の専門店です。
落ち着いた空間で、素敵なお花を探してください。</p>

<p>Copyright 2025 67Flower.</p>
```

POINT

4 改行の追加

P.56

改行を追加する方法を学びます。

改行を追加する

```
<li>PRICE</li>
</ul>
<h2>MESSAGE</h2>

<p>67Flowerはお花の専門店です。<br>
落ち着いた空間で、素敵なお花を探してください。</p>

<p>Copyright 2025 67Flower.</p>
```

POINT

5 情報の種類の設定

P.58

ページ内を情報を分類する方法を学びます。

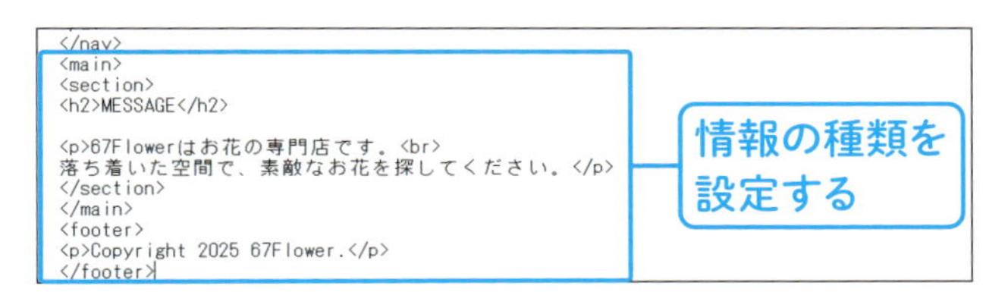

POINT

6 画像の追加

P.62

ファイルの位置を正しく指定して、ウェブページに画像を追加する方法を学びます。

画像を追加する

```
</ul>
</nav>
<main>
<p><img src="image/main.jpg" alt="店内写真"></p>
<section>
<h2>MESSAGE</h2>

<p>67Flowerはお花の専門店です。<br>
```

Lesson 01

見出しを作成しよう

HTMLでは、見出しにレベルを付けることになっています。大見出し、小見出しなどを区別し、それぞれのレベルに合ったタグを入力しましょう。

h（h1～h6）要素について

文章に見出しが付いていると、文章が読みやすく、また内容を理解しやすくなります。特にウェブサイトでは、長文がダラダラ続くと読み飛ばされてしまう傾向が強くなるので、積極的に見出しを設けるようにしましょう。複雑な構造の文章では、大見出し、中見出し、小見出しのようにレベルの異なる見出しを設定する必要があります。そのため、見出し用のタグには、h1からh6まで6段階のレベルが用意されています。ページごとに、h1要素がもっとも大きな見出し、h6要素がもっとも小さな見出しを表します。見出しのタグが付けられたテキストは、ウェブブラウザで見たときにほかよりも大きく、太字で表示されます。

●h1～h6要素の初期スタイル（デフォルトCSS）が適用された状態

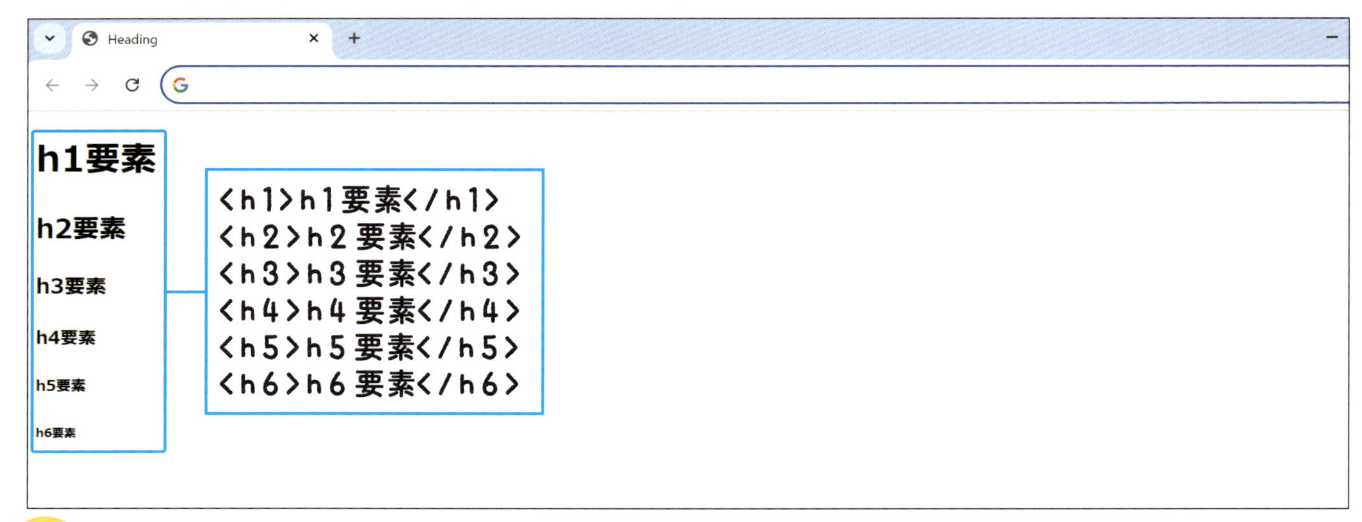

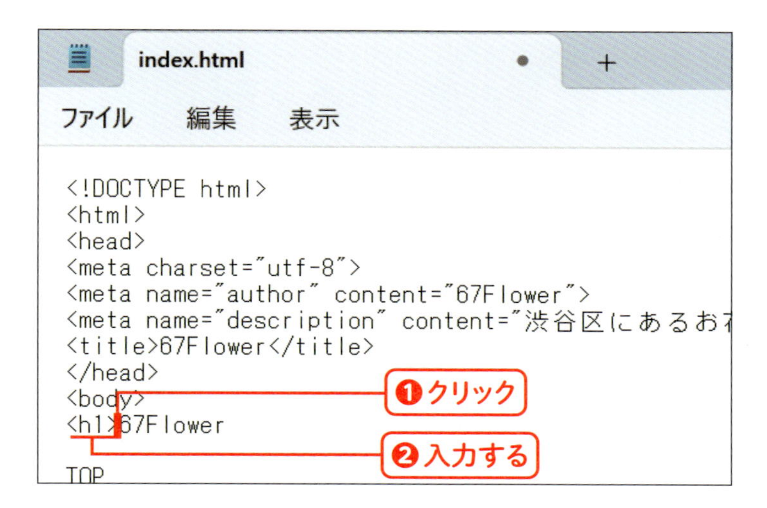

1 <h1>を入力する

ページの中のもっとも大きな見出しをh1タグで囲むことで、「ページの中でもっとも大きな見出し」として定義します。ここではウェブサイトのタイトル「67Flower」の直前をクリックして❶、**<h1>**を入力します❷。

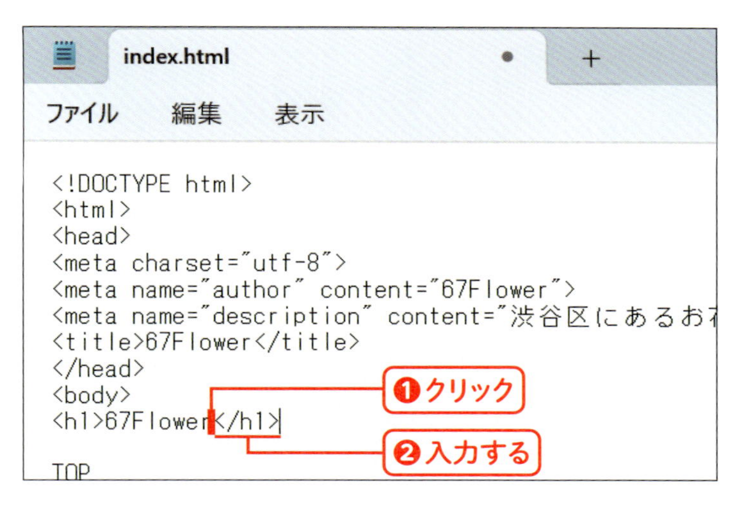

2 </h1>を入力する

「67Flower」の直後をクリックして❶、**</h1>**を入力します❷。

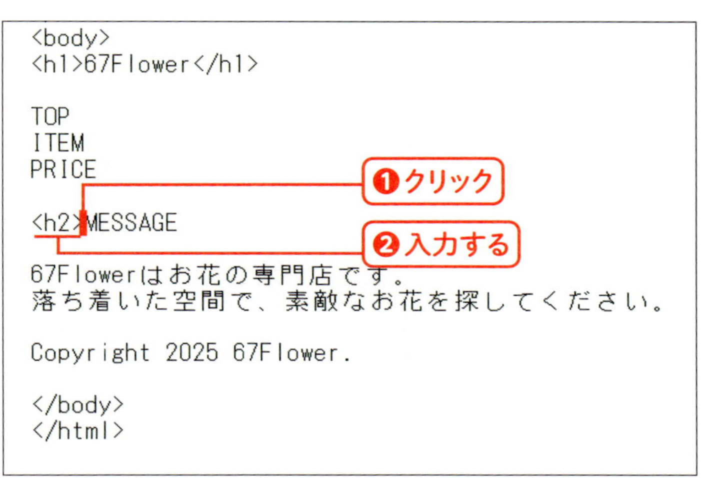

3 <h2>を入力する

「67Flower」の次に大きな見出し「MESSAGE」の直前をクリックして❶、**<h2>**を入力します❷。

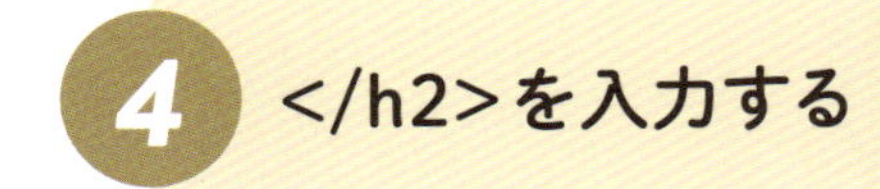

4 </h2>を入力する

「MESSAGE」の直後をクリックして❶、**</h2>**を入力します❷。

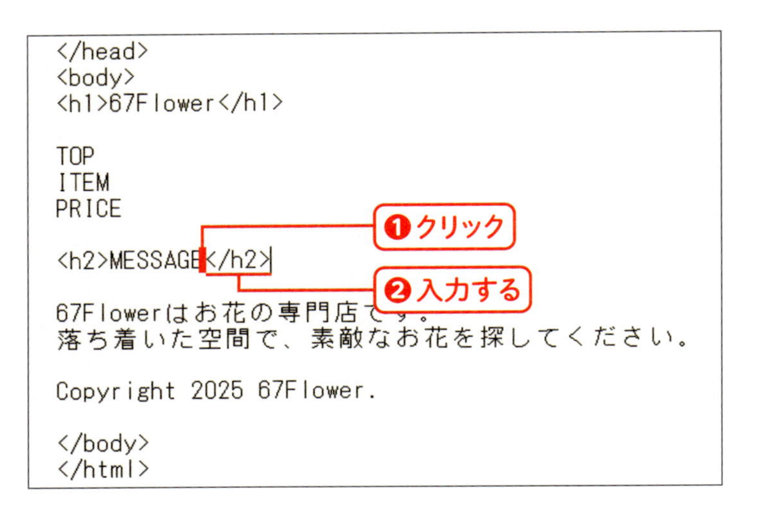

```
</head>
<body>
<h1>67Flower</h1>

TOP
ITEM
PRICE

<h2>MESSAGE</h2>

67Flowerはお花の専門店です。
落ち着いた空間で、素敵なお花を探してください。

Copyright 2025 67Flower.

</body>
</html>
```


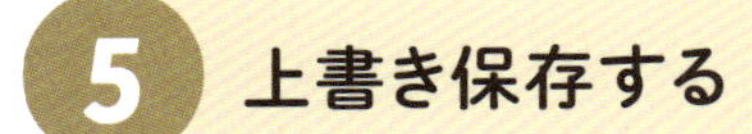

5 上書き保存する

メモ帳の［ファイル］メニュー→［保存］の順にクリックして❶、ファイルを保存します。

MEMO

Ctrl＋S（Macの場合はcommand＋S）でもファイルを上書き保存できます。よく使うショートカットキーなので覚えておくと便利です。

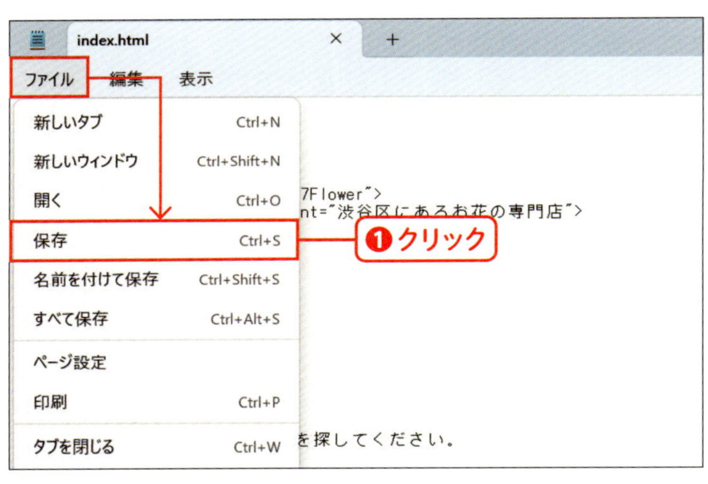

6 確認する

Google Chromeの更新ボタンをクリックします❶。見出しが追加されたことを確認します。

MEMO

Ctrl＋R（Macの場合はcommand＋R）でもページを更新できます。

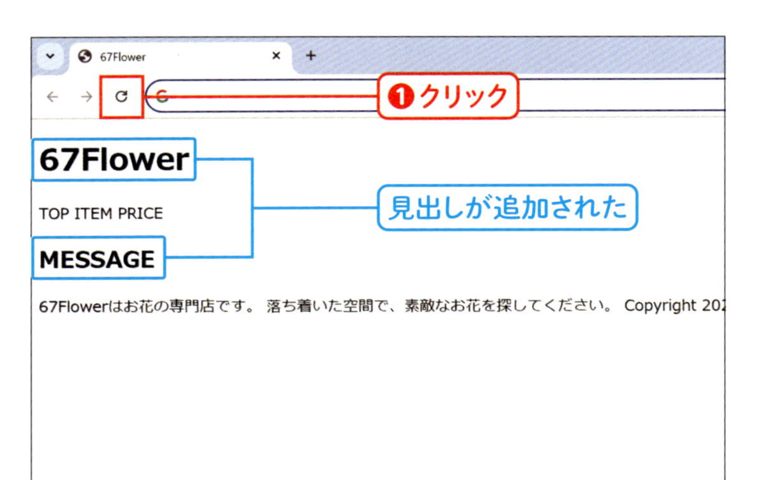

CHECK

見出しのレベルとアウトライン

● レベルの違いを見分ける

見出しを付けることで、内容が伝わりやすくなります。さらに正確に伝えるには、その見出しのレベル（大きさ）に合ったHTMLタグで囲まれていることが重要です。右の例文にはいくつかの見出しが含まれていますが、それぞれの見出しにふさわしいレベルを考えてみましょう。

▼例文

```
猫のからだ
猫のからだの特徴を説明します。
目
顔の大きさの割に、かなり大きい。
視力
8m位の距離ならば人間の顔を識別できる。
色覚
基本的にはモノトーンの視界。
鼻
人間の数万から数十万倍といわれる嗅覚を持つ。
尾
脊髄と直結しているため、痛覚が強い。
```

● タグを入力する

「猫のからだ」は文章全体にかかる見出しなので、「もっとも大きな見出し＝h1」が妥当です。「目」「鼻」「尾」は「中見出し＝h2」がふさわしいと考えられます。「視力」「色覚」は「目」に関する内容に付けられた見出しなので、小見出しと判断してh3のタグで囲みます。

▼HTMLコード

```
<h1>猫のからだ</h1>
猫のからだの特徴を説明します。
<h2>目</h2>
顔の大きさの割に、かなり大きい。
<h3>視力</h3>
8m位の距離ならば人間の顔を識別できる。
<h3>色覚</h3>
基本的にはモノトーンの視界。
<h2>鼻</h2>
人間の数万から数十万倍といわれる嗅覚を持つ。
<h2>尾</h2>
脊髄と直結しているため、痛覚が強い。
```

● 見出しから導き出されるアウトライン

適切な見出しレベルのHTMLタグで囲むことで、ウェブブラウザに正しいアウトライン（文書構造）が伝わります。右のHTMLコードから導き出されるアウトラインは右下のとおりです。今のところ、アウトラインがウェブページの表示結果に何らかの影響を及ぼすことはありません。しかし、スクリーンリーダーの利用者の多くは見出しを拾い読みしてページ全体の内容を把握しています。アウトラインを表すことのできる要素として、見出し以外にarticle、aside、nav、sectionなどが用意されています（P.58～61参照）。なお、HTML 5 Outliner（https://gsnedders.html5.org/outliner/）というサイトを使うと、自分のHTML文書から導き出されるアウトラインを確認できます。

▼アウトライン

```
1．猫のからだ
1-1．目
  1-1-1．視力
  1-1-2．色覚
1-2．鼻
1-3．尾
```

Lesson 02

箇条書きを作成しよう

並列な情報は箇条書きにすることで読者にわかりやすく伝わります。ulタグやliタグを使って、箇条書きの範囲と箇条書きの項目をそれぞれ指定します。

ul要素とli要素について

箇条書きにしたい項目の前後をまとめてulタグで囲むと、その範囲が**箇条書き**として表されます。箇条書きにしたい項目は、1つずつliタグで囲みます。もし順番付きの箇条書きを表現したいときには、ulタグの代わりにolタグで囲みましょう。

●箇条書きの要素

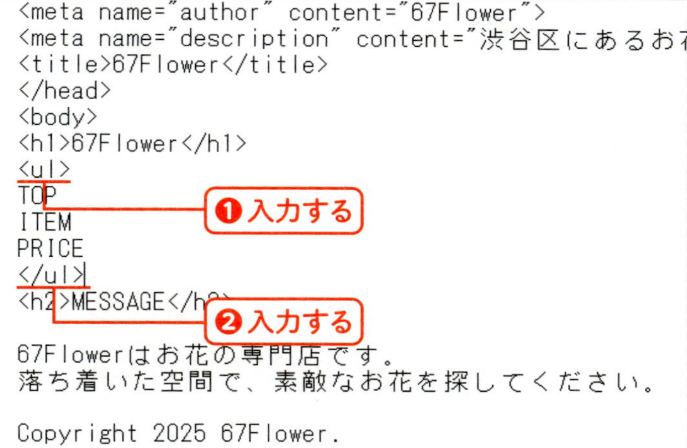

1 ulタグを入力する

ナビゲーションの1つ目の項目にあたる「TOP」の上の行に**<ul>**を入力して❶、最終項目「PRICE」の下の行に**</ul>**を入力します❷。

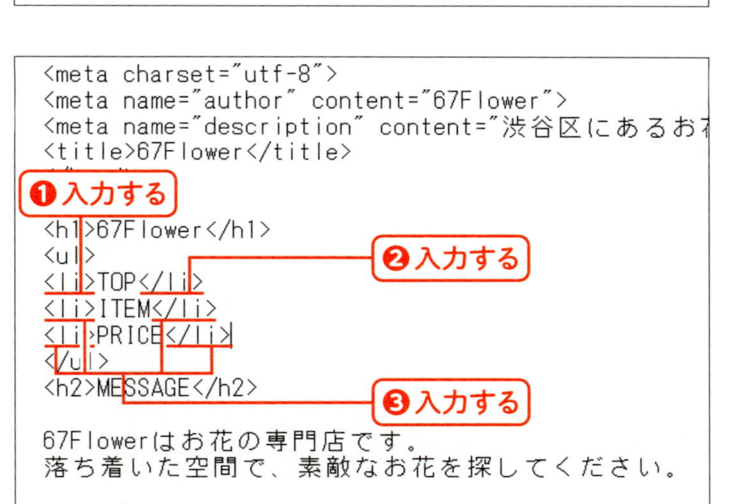

2 liタグを入力する

「TOP」の直前に**<li>**を入力して❶、「TOP」の直後に**</li>**を入力します❷。「ITEM」「PRICE」の前後にも同様に<li>と</li>をそれぞれ入力します❸。

3 確認する

メモ帳の［ファイル］メニュー→［保存］の順にクリックしてファイルを上書き保存し、Google Chromeの更新ボタンをクリックします❶。3項目の箇条書きが追加されていることを確認します。

Lesson 03

段落を作成しよう

文章は、まとまりごとに短く区切られていると読みやすくなります。文章の区切り（段落）が見つかったら、前後をpタグで囲みましょう。p要素の上下には自動的に余白が付きます。

p要素について

pタグで囲まれた部分は「段落」を表します。HTMLでは、一般的な文章のまとまりだけでなく、場合によっては写真やイラスト、著作権情報なども段落と見なすことがあります。ときどき、あらゆるテキストをpタグで囲んでいるHTML文書を見かけますが、これは考えものです。タグは安易に決めつけず、前後の文章をよく読み込んでもっともふさわしいタグを選び取るようにしましょう。

●段落の要素

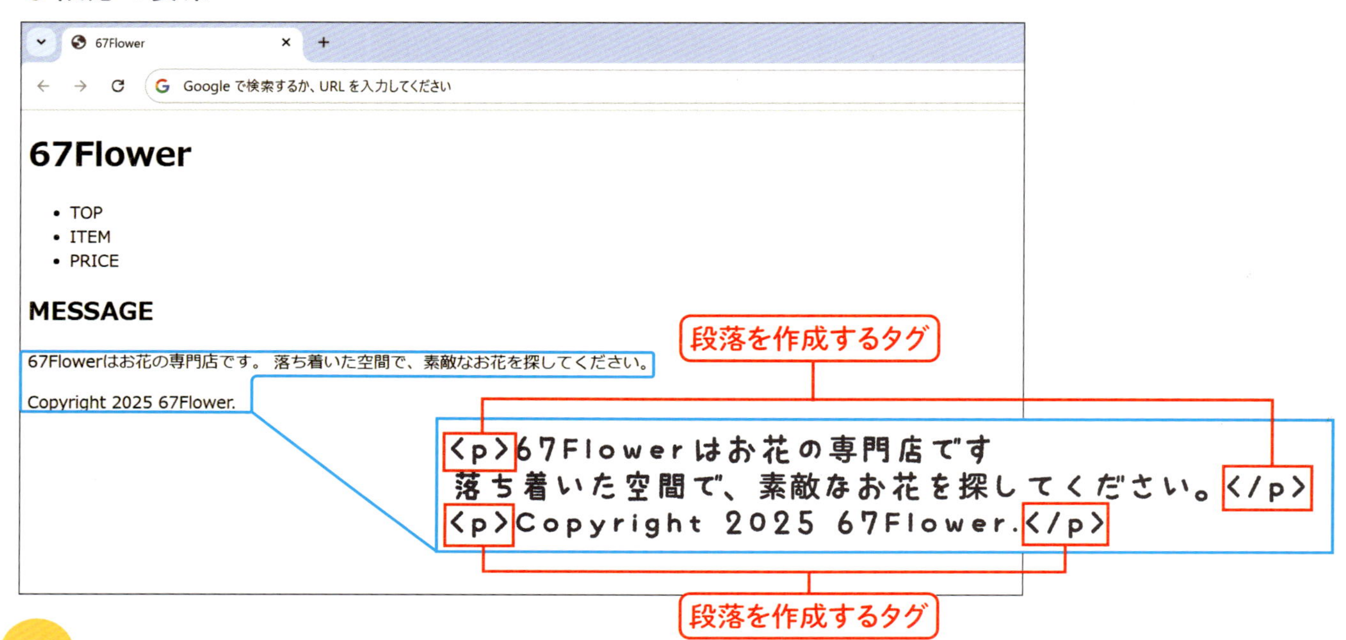

```
<body>
<h1>67Flower</h1>
<ul>
<li>TOP</li>
<li>ITEM</li>
<li>PRICE</li>
</ul>
<h2>MESSAGE</h2>

<p>67Flowerはお花の専門店です。
落ち着いた空間で、素敵なお花を探してください。

Copyright 2025 67Flower.

</body>
</html>
```

❶入力する

1 <p>を入力する

「67Flowerはお花の専門店です。」の直前に**<p>**を入力します❶。

```
<body>
<h1>67Flower</h1>
<ul>
<li>TOP</li>
<li>ITEM</li>
<li>PRICE</li>
</ul>
<h2>MESSAGE</h2>

<p>67Flowerはお花の専門店です。
落ち着いた空間で、素敵なお花を探してください。</p>

Copyright 2025 67Flower.

</body>
</html>
```

❶入力する

2 </p>を入力する

「落ち着いた空間で、素敵なお花を探してください。」の直後に**</p>**を入力します❶。

```
<body>
<h1>67Flower</h1>
<ul>
<li>TOP</li>
<li>ITEM</li>
<li>PRICE</li>
</ul>
<h2>MESSAGE</h2>

<p>67Flowerはお花の専門店です。
落ち着いた空間で、素敵なお花を探してください。</p>

<p>Copyright 2025 67Flower.</p>

</body>
```

❶入力する　❷入力する

3 pタグを入力する

「Copyright 2025 67Flower.」の直前に**<p>**を入力し❶、直後に**</p>**を入力します❷。「67Flowerはお花の専門店です。……」と「Copyright 2025 67Flower.」が、それぞれ段落として設定されました。

Lesson 04 文章を改行して読みやすくしよう

1つの段落が長すぎると、ウェブページを見る人が息切れします。文章を適度に改行すると、ひと呼吸おいて読み進めることができるため読みやすくなります。

br要素について

brタグを記述すると、ウェブブラウザで開いたときに強制的に改行して表示されます。改行したい位置に
を記述しましょう。brは「空（から）」要素と呼ばれる要素で、タグを単独で記述するのが特徴です。空要素は、これまで見てきた見出しや段落のように、開始タグと終了タグで内容を囲む方法で記述しません。ちなみに、meta（P.36）も空要素です。

●改行を表す要素

```
<body>
<h1>67Flower</h1>
<ul>
<li>TOP</li>
<li>ITEM</li>
<li>PRICE</li>
</ul>
<h2>MESSAGE</h2>

<p>67Flowerはお花の専門店です。<br>
落ち着いた空間で、素敵なお花を探してください。</p>

<p>Copyright 2025 67Flower.</p>

</body>
</html>
```

❶入力する

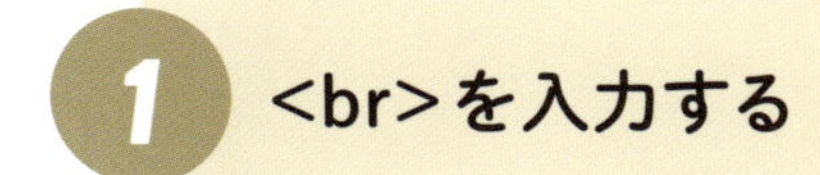

「67Flowerはお花の専門店です。」の直後に**
**を入力します❶。

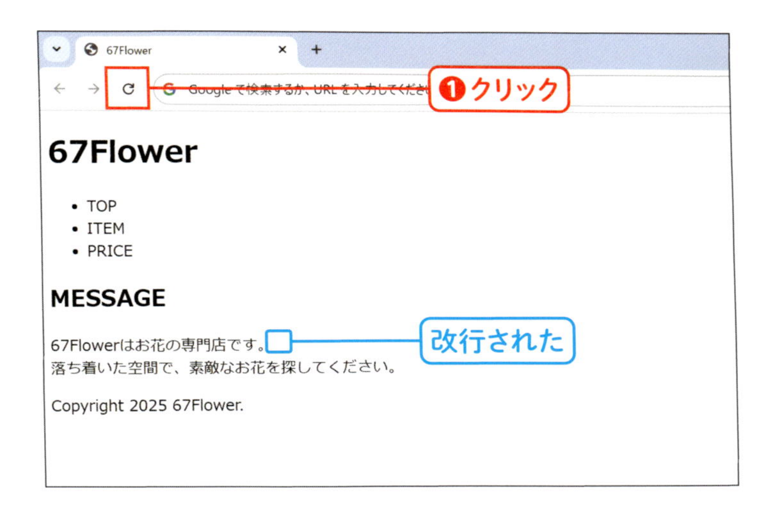

2 確認する

メモ帳の[ファイル]メニュー→[保存]の順にクリックしてファイルを上書き保存し、Google Chromeの更新ボタンをクリックします❶。段落の途中で改行されていることを確認します。

ウェブページを作ろう

CHECK

ウェブページの文章

ウェブサイトで文章を読んでもらうには、いくつかのコツがあります。まず、1つの段落は数行以内に収めましょう。また見出し(h1-h6要素)はとても重要です。見出しが設定されていると、ページ全体をざっと見ただけで、どこに何か書いてあるか大まかに把握できます。ウェブページは、先頭から丁寧に読んでもらえるとは限りません。ユーザーに対してできるだけ直感的に、テンポよく伝えることが重要です。そのため、一般の文章ではあまり使わない箇条書き(ul要素)や表組(table要素)も、積極的に取り入れましょう(P.78参照)。

Lesson 05

情報の種類に分けよう

多くのウェブページは、ヘッダ、ナビゲーション、メインコンテンツ、フッタといった情報のかたまりで構成されています。ここでは、それぞれのかたまりを種類ごとに分けるためのタグを紹介します。

情報を分類するための要素について

ロゴなど、ページ上部に配置される情報はヘッダとして分けることができます。ほかのページに移動するための情報はナビゲーションです。ページの本文と見なされる重要な内容はメインコンテンツ。フッタには、コピーライトや所在地が含まれるのが一般的です。このように情報の種類ごとに分類することで、ウェブブラウザがHTML文書をより正しく解釈し、表示できるようになります。

●情報を分類する要素

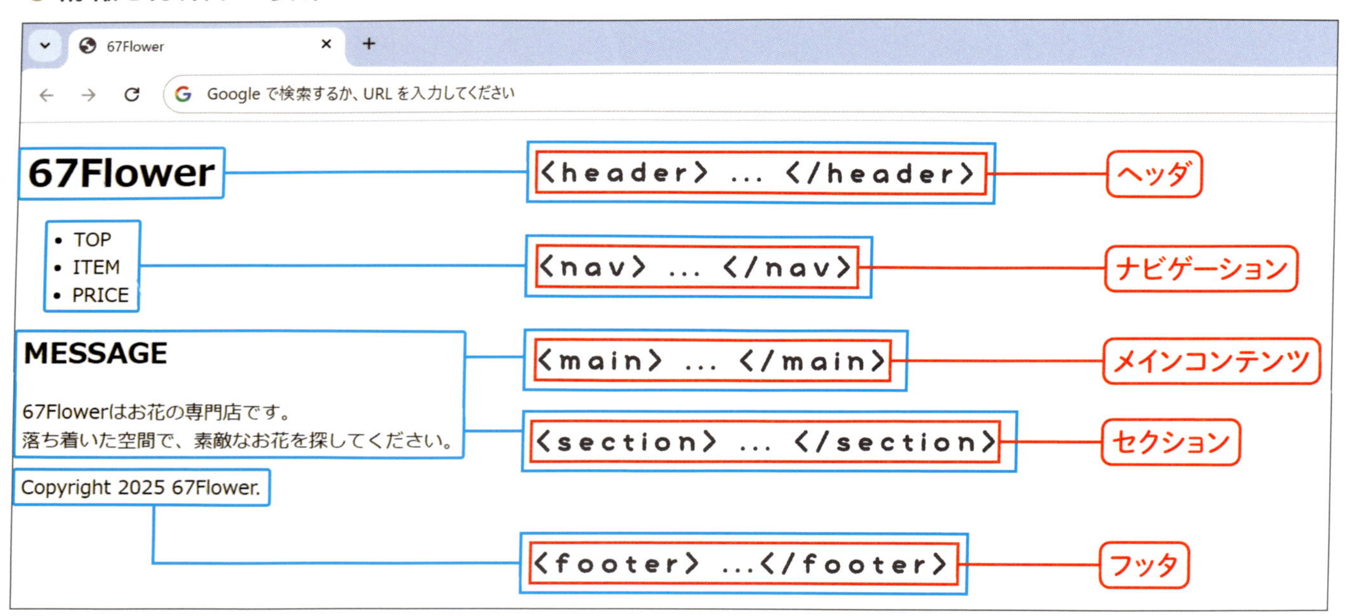

```
<!DOCTYPE html>
<html>
<head>
<meta charset="utf-8">
<meta name="author" content="67Flower">
<meta name="description" content="渋谷区にあるお
<title>67Flower</title>
</head>
<body>
<header>
<h1>67Flower</h1>
<ul>
<li>TOP</li>
<li>ITEM</li>
<li>PRICE</li>
</ul>
<h2>MESSAGE</h2>
```

❶クリック
❷ Enter キーを押す
❸入力する

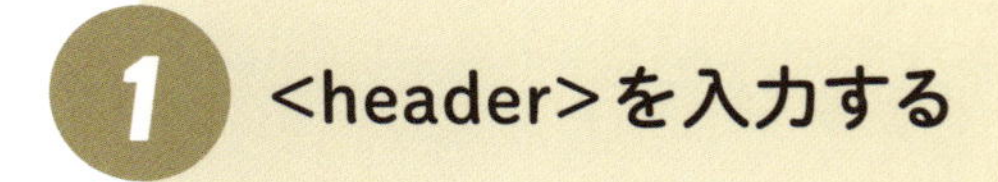

1 <header>を入力する

<body>の直後をクリックして❶、Enter キーを押し❷、ヘッダの始まりを示す**<header>**を入力します❸。

```
<!DOCTYPE html>
<html>
<head>
<meta charset="utf-8">
<meta name="author" content="67Flower">
<meta name="description" content="渋谷区にあるお
<title>67Flower</title>
</head>
<body>
<header>
<h1>67Flower</h1>
</header>
<ul>
<li>TOP</li>
<li>ITEM</li>
<li>PRICE</li>
</ul>
```

❶クリック
❷ Enter キーを押す
❸入力する

2 </header>を入力する

<h1>67Flower</h1>の直後をクリックして❶、Enter キーを押し❷、ヘッダの終わりを示す**</header>**を入力します❸。

```
<!DOCTYPE html>
<html>
<head>
<meta charset="utf-8">
<meta name="author" content="67Flower">
<meta name="description" content="渋谷区にあるお
<title>67Flower</title>
</head>
<body>
<header>
<h1>67Flower</h1>
</header>
<nav>
<ul>
<li>TOP</li>
<li>ITEM</li>
<li>PRICE</li>
```

❶ Enter キーを押す
❷入力する

3 <nav>を入力する

Enter キーを押し❶、ナビゲーションの始まりを示す**<nav>**を入力します❷。

```
<body>
<header>
<h1>67Flower</h1>
</header>
<nav>
<ul>
<li>TOP</li>
<li>ITEM</li>
<li>PRICE</li>
</ul>
</nav>
<h2>MESSAGE</h2>

<p>67Flowerはお花の専門店です。<br>
落ち着いた空間で、素敵なお花を探してください。</

<p>Copyright 2025 67Flower.</p>
```

❶クリック
❷ Enter キーを押す
❸入力する

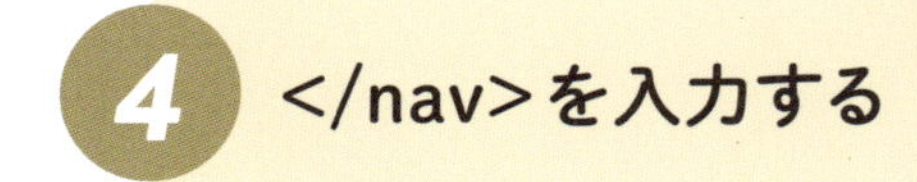

4 </nav>を入力する

</ul>の直後をクリックして❶、Enter キーを押し❷、ナビゲーションの終わりを示す**</nav>**を入力します❸。

```
<nav>
<ul>
<li>TOP</li>
<li>ITEM</li>
<li>PRICE</li>
</ul>
</nav>
<main>
<h2>MESSAGE</h2>

<p>67Flowerはお花の専門店です。<br>
落ち着いた空間で、素敵なお花を探してください。</
</main>
<p>Copyright 2025 67Flowe

</body>
</html>
```

❶入力する
❷入力する

5 mainタグを入力する

続けて、headerタグ、navタグと同じ要領でメインコンテンツを示すためのmainタグを入力します。<h2>MESSAGE</h2>の上の行に**<main>**を入力し❶、「落ち着いた空間で、素敵なお花を探してください。</p>」の下の行に**</main>**を入力します❷。

```
<nav>
<ul>
<li>TOP</li>
<li>ITEM</li>
<li>PRICE</li>
</ul>
</nav>
<main>
<section>
<h2>MESSAGE</h2>

<p>67Flowerはお花の専門店です。<br>
落ち着いた空間で、素敵なお花を探してください。</
</section>
</main>
<p>Copyright 2025 67Flowe
```

❶入力する
❷入力する

6 sectionタグを入力する

sectionタグは「情報のかたまり」を表すのに使います。見出しとその内容 を1つにまとめるイメージです。ここでは、「MESSAGE」とその下の文章が該当します。<main>の下の行に**<section>**を入力し❶、</main>の上の行に**</section>**を入力します❷。

```
<li>PRICE</li>
</ul>
</nav>
<main>
<section>
<h2>MESSAGE</h2>

<p>67Flowerはお花の専門店です。<br>
落ち着いた空間で、素敵なお花を探してください。</
</section>
</main>
<footer>
<p>Copyright 2025 67Flower
</footer>
</body>
</html>
```

❶入力する

❷入力する

7 footerタグを入力する

フッタを示すタグを記述します。コピーライトの上の行に**<footer>**を入力し❶、</body>の上の行に**</footer>**を入力します❷。最後にindex.htmlを上書き保存しておきましょう。

MEMO

「Copyright」の代わりに©を表示したいときは©と記述します。

CHECK

その他の要素

navやmain以外にも、情報の種類を分けるための要素が用意されています。使用頻度の高い要素なので覚えておきましょう。

● article

article要素は、ブログのエントリーやニュース記事など単体で成り立つ情報を表すのに使います。HTMLコードの一部分をそのままほかのウェブページに貼り付けたときに違和感なく読むことができるなら、その部分はarticleタグで囲める可能性があります。以下の図のように、公開日や執筆者の名前が記されているような情報は、article要素と見なすことができるとされています。

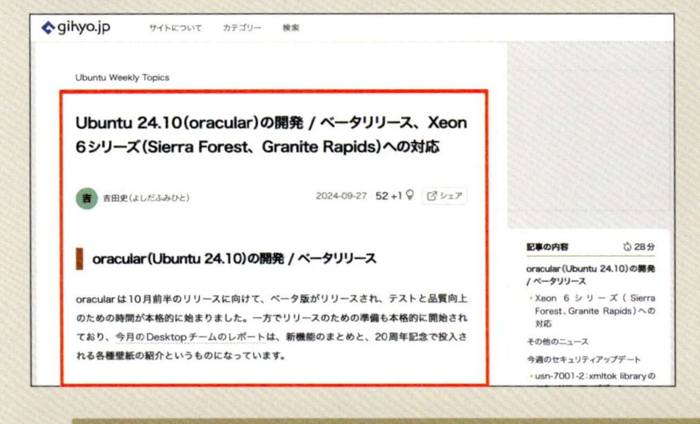

● aside

aside要素は、本文（本筋）とは外れるけれど軽く触れておきたい情報を表すのに使います。補足的な内容や広告など、ページから切り離しても構わない情報はasideタグで囲みましょう。以下の図では、左側エリアが本文と考えれば、右側エリアはaside要素と見なしてよいでしょう。

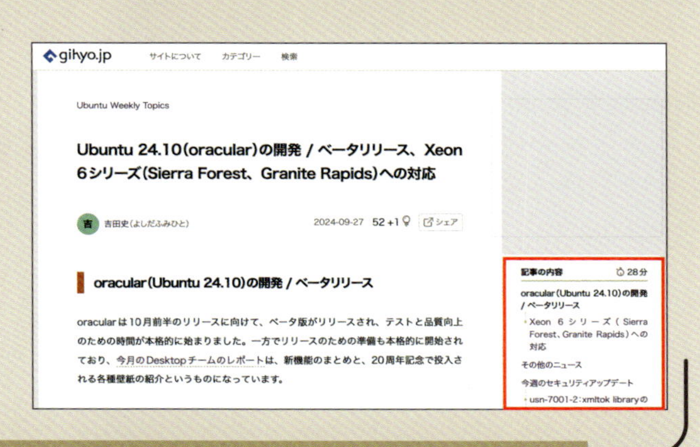

Lesson 06

画像を追加しよう

文章だけだと情報が伝わりづらい場合に、画像を追加して内容を補足します。画像ファイルを設置した場所（パス）の指定を間違えると画像が表示されないので、よく注意しましょう。

img要素について

画像を追加したい箇所にimgタグを入力します。img要素で表すことができるのは「ここに画像が追加されている」という情報のみなので、一緒にsrc属性とalt属性を追加する必要があります。src属性で「どの画像を追加するのか」を、alt属性で「画像の説明文」を指定できます。

画像の説明文は、画像が表示されない閲覧環境でサイトを利用しているユーザーや、ネット回線の不具合などで画像をダウンロードできなかったユーザーに対して提供されるため、重要な情報とされています。

属性とは

属性と呼ばれる情報を追加することで、要素に対して特別な役割を与えたり、新たな機能を追加できます。属性は、属性名と属性値を対の形で記述するのが一般的です。

●画像を追加するための要素と属性

属性値：補足する情報そのもの

```
<img src="picture.jpg" alt="この文言が画像の代わりに表示されます">
```

属性名：補足する情報の種類

ファイルのパス

画像を追加したり、ページ同士を連携（リンク）する際には、「どのフォルダーの中にあるのか」「なんという名前のファイルなのか」を示すための情報が必要です。こうした情報はパスと呼ばれており、パスの種類には絶対パスや相対パスなどがあります。絶対パスはすでにウェブサーバにアップロードされているファイルを示すときに利用し、http://example.com/ といった形式で記述します。一方、相対パスは、編集中のHTMLファイルを基準として示します。自分のパソコンの中にあるファイルを示すときには、相対パスを利用します。相対パスについて、詳しくは以下で説明します。

●HTMLファイルと同じ階層にある画像

画像ファイルの名前が「picture.jpg」の場合、<img␣src="picture.jpg">と入力します。<img␣src="./picture.jpg">と入力することもできます。

●HTMLファイルと同じ階層にあるフォルダーの中の画像

フォルダーの名前が「folder1」で、その中の画像ファイルの名前が「picture2.jpg」の場合、<img␣src="folder1/picture2.jpg">と入力します。

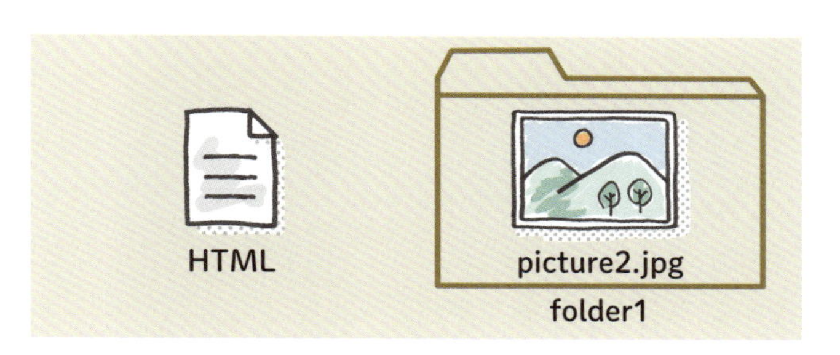

●HTMLファイルよりも上の階層にある画像

画像ファイルの名前が「picture3.jpg」の場合、上の階層を指すための../を付けて<img␣src="../picture3.jpg">と入力します。2つ上の階層を指すには<img␣src="../../picture3.jpg">と入力します。

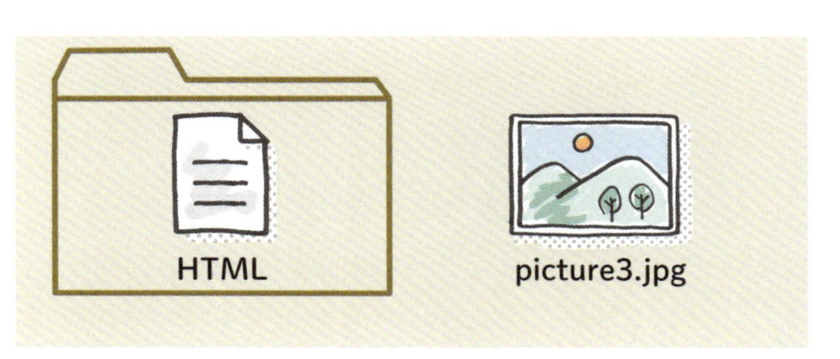

●HTMLファイルよりも上の階層にあるフォルダーの中の画像

1つ上の階層にある画像専用フォルダー「folder2」の中の画像ファイル「picture4.jpg」を指す場合、<img␣src="../folder2/picture4.jpg">と入力します。

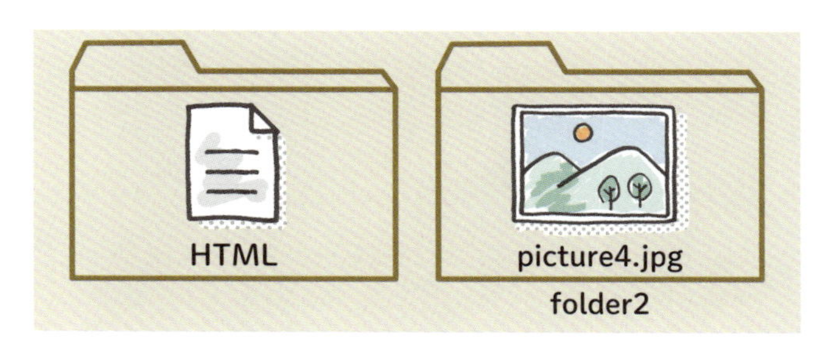

```
</header>
<nav>
<ul>
<li>TOP</li>
<li>ITEM</li>
<li>PRICE</li>
</ul>
</nav>
<main>
<img src="image/main.jpg" alt="店内写真">
<section>
<h2>MESSAGE</h2>

<p>67Flowerはお花の専門店です。<br>
落ち着いた空間で、素敵なお花を探してください。</p>
</section>
</main>
<footer>
<p>Copyright 2025 67Flower.</p>
```

❶入力する

1 <img>を入力する

画像を追加したい位置にimgタグを入力します。今回はsection要素の上に画像を追加するため、<section>の上の行に**<img␣src="image/main.jpg"␣alt="店内写真">**を入力します❶。「imageフォルダーの中にあるmain.jpgという画像を追加し、もし画像が表示されない場合は『店内写真』というテキストを表示する」という意味になります。

```
</header>
<nav>
<ul>
<li>TOP</li>
<li>ITEM</li>
<li>PRICE</li>
</ul>
</nav>
<main>
<p><img src="image/main.jpg" alt="店内写真"></p>
<section>
<h2>MESSAGE</h2>
<p>67Flowerはお花の専門店です。<br>
落ち着いた空間で、素敵なお花を探してください。</p>
</section>
```

❶入力する　❷入力する

2 pタグを入力する

今回追加した画像はお店の雰囲気を伝えるための大切な情報と考えて、段落として設定します。<img src="image/main.jpg" alt="店内写真">の直前に**<p>**を入力し❶、直後に**</p>**を入力します❷。

3 確認する

メモ帳の[ファイル]メニュー→[保存]の順にクリックしてファイルを上書き保存し、Google Chromeの更新ボタンをクリックします❶。画像が追加されたことを確認できます。

MEMO

画像が表示されない場合は、P.9～10とP.63を参考にindex.htmlファイルとimgフォルダーが同じ階層にあることと、imgフォルダーの中にmain.jpgファイルが入っていることを確認してください。

CHECK

画像のファイル形式

ウェブページで使用される画像ファイル形式にはJPEG（ジェイペグ）、PNG（ピング）などがあります。それぞれに特徴があるので、画像編集ソフトでファイルを保存する際には、どちらがふさわしいかよく考えてから保存しましょう。適切でない形式で保存すると、場合によっては、ファイルサイズが必要以上に大きくなるため、ウェブページの読み込みに時間がかかる原因になってしまいます。

● JPEG

グラデーションを含んだイラストや写真など、多くの色が使われている画像を保存するのに向いている形式です。ファイルの拡張子は.jpgです。JPEG形式の画像は圧縮することによって、ファイルサイズを軽量化できます。ただし、圧縮率を上げれば上げるほど画質が落ちてしまうので注意しましょう。JPEG形式の画像は、圧縮率を上げていくと「ブロックノイズ」が現れ、全体的にボンヤリした印象になってしまいます。ファイルサイズと画質のバランスを見ながら、ちょうどいい圧縮率を決めましょう。お使いの編集ソフトに圧縮機能がない場合には、専用のツールを使って圧縮できます。「TinyJPG」は、画像をアップロードすると自動的に圧縮してくれるオンラインサービスです。一度にアップロードできる画像ファイルの数や、各ファイルのサイズに制限が設けられていますが、細かい設定などは不要で手軽に圧縮できる点が魅力的です。圧縮後の画像は、ダウンロードボタンをクリックして手元のパソコンにダウンロードできます。なお、スマートフォンなどで撮った写真は画像のサイズがかなり大きいため、そのまま使うのではなく、前もって画像の大きさを調整しておきましょう。

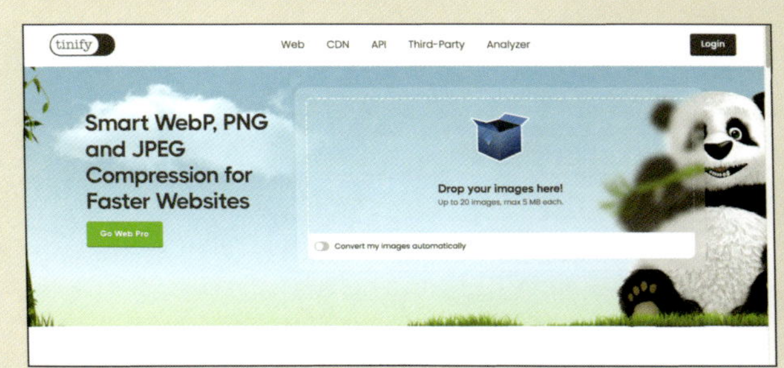

▲TinyJPG（https://tinyjpg.com/）

● PNG

一般的なイラストや文字の画像などを保存するのに向いている形式です。ファイルの拡張子は.pngです。画像の中で使われている色数が256色以内なら、画像編集ソフトで保存する際に「インデックスカラーモード」（8bit）を利用すると、ファイルサイズをかなり小さく抑えられます。ただ、256色以内で表現可能な画像は限られています。ちょっとしたイラストでもすぐに256色を超えてしまうため、インデックスカラーモードで保存するのに適しているのは単色で塗り分けられたイラストやボタン、小さなアイコン程度と考えておくといいでしょう。インデックスカラーモードにこだわらなければフルカラーで保存することも可能ですが、PNGはJPEGと違って圧縮率を設定できないため、ファイルサイズが大きくなってしまう可能性があります。なお、PNGはアルファチャンネルを持っているため、半透明の表現が可能です。下の図はPhotoshopの保存ウィンドウです。グレーの市松模様は透明であることを示しています。このように、背景が透けて見える画像を作成する際にはPNG形式で保存しましょう。

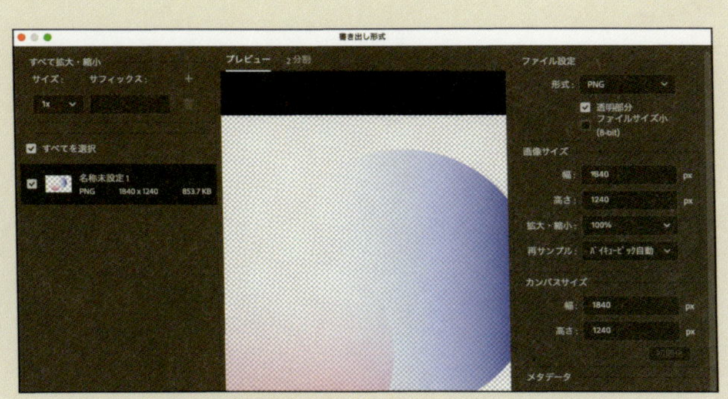

▲Photoshopの画面

練習問題

問題1　次の空欄A～Dにあてはまる語句を答えなさい。

見出しを表すためのHTMLタグは、見出しレベルに応じて［　A　］段階から選べるようになっています。h1要素はそのページでもっとも［　B　］見出し、h6要素はそのページでもっとも［　C　］見出しを表します。見出しのレベルによって、文章の［　D　］が導き出されます。

問題2　次の空欄E～Gにあてはまる語句を答えなさい。

箇条書きの範囲を表すためのHTMLタグは［　E　］、箇条書きの項目を表すためのタグは［　F　］です。サイト内を回遊するための［　G　］は、箇条書きとして表現するのが一般的です。

問題3　次の空欄H～Jにあてはまる語句を答えなさい。

［　H　］要素は、文章の段落を表します。1つの段落の中で改行したいときには［　I　］要素を使いましょう。ウェブブラウザで表示すると、タグを記述した位置で改行されます。なお、終了タグを記述しないものを［　J　］要素と呼びます。

問題4　以下の4つの情報の種類を表すための要素を答えなさい。

K　ヘッダ　　L　ナビゲーション　　M　メインコンテンツ　　N　フッタ

問題5　以下の画像を追加するための、ファイルの相対パス（src属性の値）を答えなさい。

O　同じ階層にあるpicture.jpg

P　同じ階層にある「folder」という名前のフォルダー内にあるpicture.jpg

Q　1つ上の階層にある「folder」という名前のフォルダー内にあるpicture.jpg

▶解答はP.186

Chapter

4

サブページを作ろう

本章では、ヘッダ、フッタ、ナビゲーションなど、ほかのページでも使い回せるパーツを再利用しながら効率的にページを複製します。index.htmlを複製して「ITEM」ページと「PRICE」ページを作ったら、リンクを設定して3つのページをつなぎましょう。ページ間を行ったり来たりできるようになると、いよいよ「ウェブサイト」と呼べる状態になります。また本章では、外部サービスの利用方法を解説します。既存のサービスを利用することで、便利な機能を手軽に追加できます。気になるサービスがあれば、積極的に利用してみましょう。

サブページを作ろう

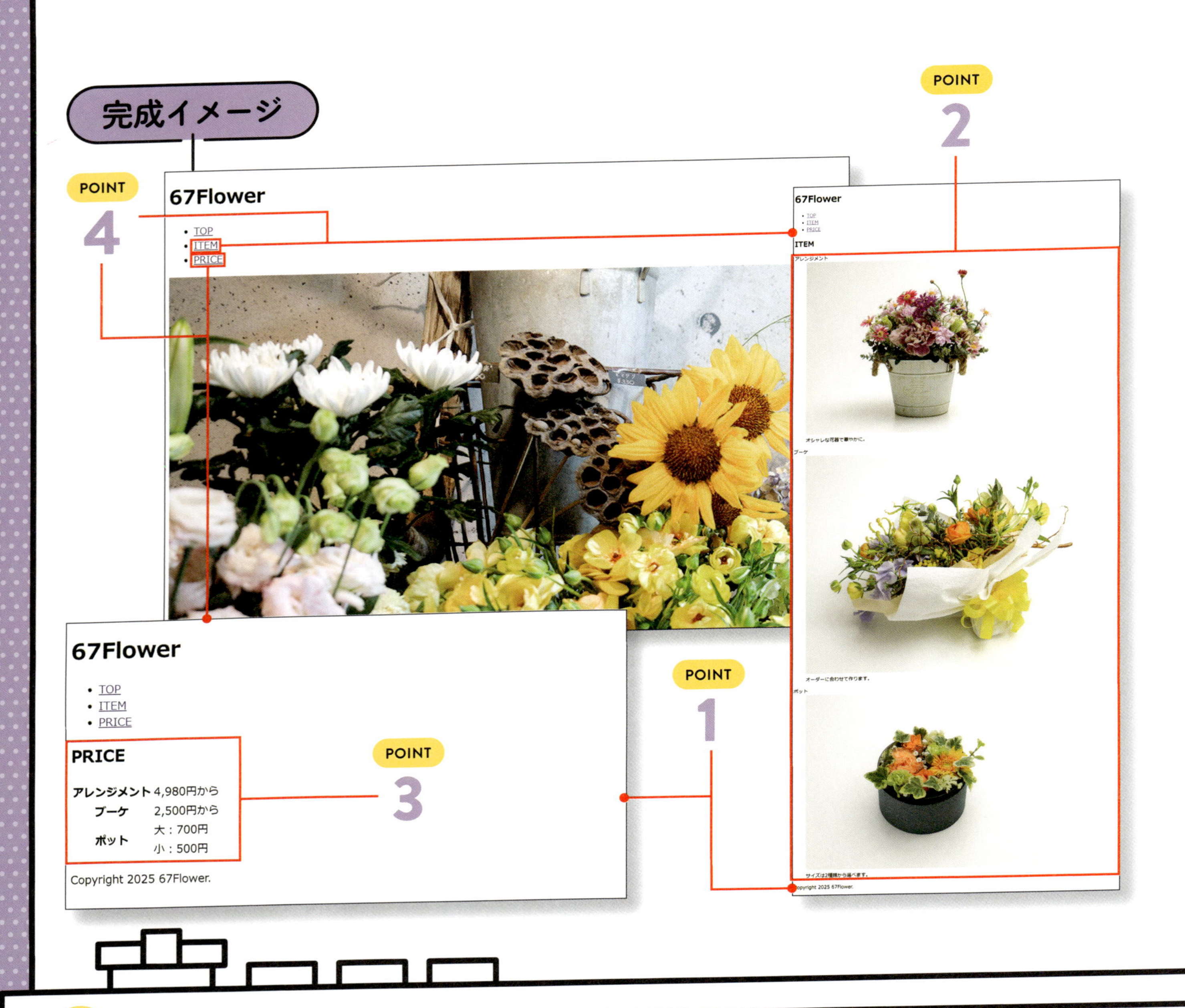
完成イメージ
POINT
4
POINT
2
POINT
1
POINT
3
67Flower
TOP
ITEM
PRICE
ITEM
PRICE
アレンジメント 4,980円から
ブーケ 2,500円から
ポット 大：700円
小：500円
Copyright 2025 67Flower.

この章のポイント

POINT

1 ページの複製

P.70

HTML文書を複製して、サブページを2つ作ります。

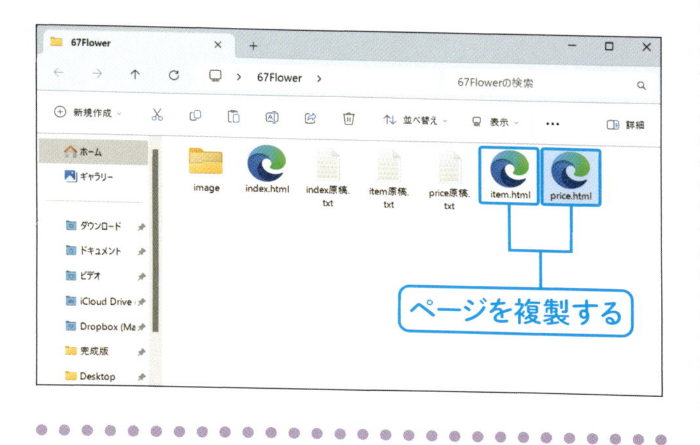

POINT

2 説明リストの作成

P.74

dlタグを入力し、説明リストを作成する方法を学びます。

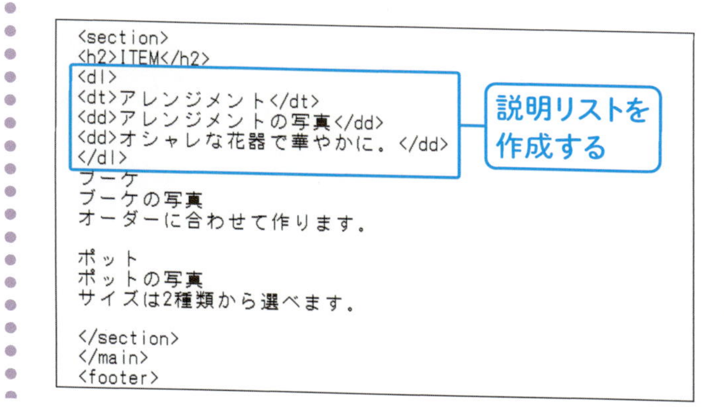

```
<section>
<h2>ITEM</h2>
<dl>
<dt>アレンジメント</dt>
<dd>アレンジメントの写真</dd>
<dd>オシャレな花器で華やかに。</dd>
</dl>
ブーケ
ブーケの写真
オーダーに合わせて作ります。

ポット
ポットの写真
サイズは2種類から選べます。

</section>
</main>
<footer>
```


POINT

3 表組の作成

P.78

tableタグを入力し、表組を作成する方法を学びます。

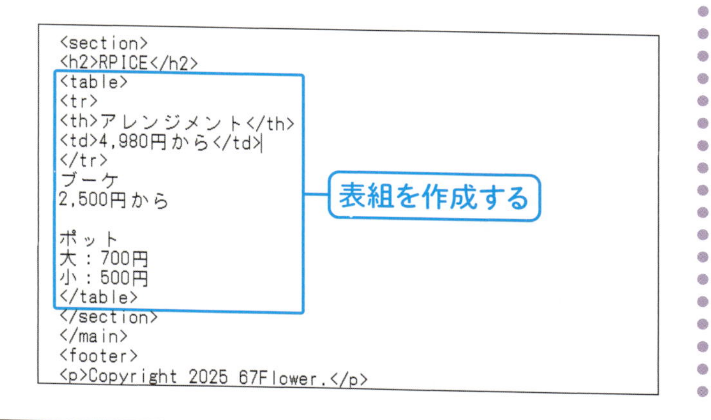

```
<section>
<h2>RPICE</h2>
<table>
<tr>
<th>アレンジメント</th>
<td>4,980円から</td>
</tr>
ブーケ
2,500円から

ポット
大：700円
小：500円
</table>
</section>
</main>
<footer>
<p>Copyright 2025 67Flower.</p>
```


POINT

4 ページの連携

P.84

ウェブページで発信するテキスト情報を追加する方法を学びます。

```
<head>
<meta charset="utf-8">
<meta name="author" content="67Flower">
<meta name="description" content="渋谷区にあるお花の専門店"
<title>67Flower</title>
</head>
<body>
<header>
<h1>67Flower</h1>
</header>
<nav>
<ul>
<li><a href="index.html">TOP</a></li>
<li><a href="item.html">ITEM</a></li>
<li><a href="price.html">PRICE</a></li>
</ul>
</nav>
<main>
```

リンクを設定する

Lesson 01

ページを複製しよう

ウェブサイトは通常、複数のページで構成されます。すでに完成しているindex.htmlを土台にして新しいページを作成するため、index.htmlを複製します。

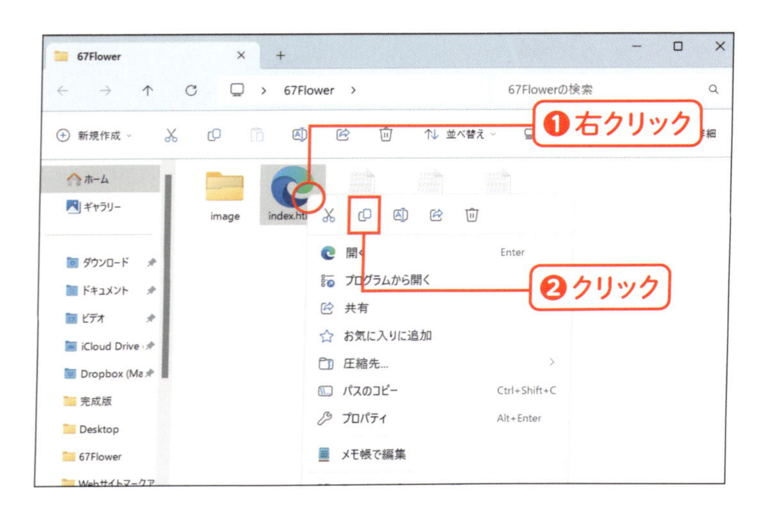

1 index.htmlをコピーする

デスクトップの67Flowerフォルダー内にあるindex.htmlを右クリックし❶、[コピー]ボタン（Macの場合は[複製]）をクリックします❷。

MEMO

この章では、index.html、item.html、price.htmlの3つのファイルをそれぞれ編集します。編集するファイルを間違わないよう注意しましょう。

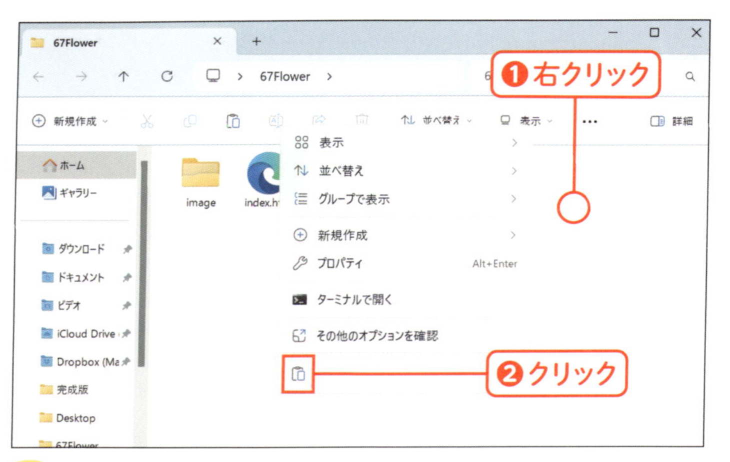

2 貼り付ける

同じフォルダーの空いている場所で右クリックし❶、[貼り付け]ボタンをクリックします❷。

MEMO

Macの場合はこの手順は必要ありません。

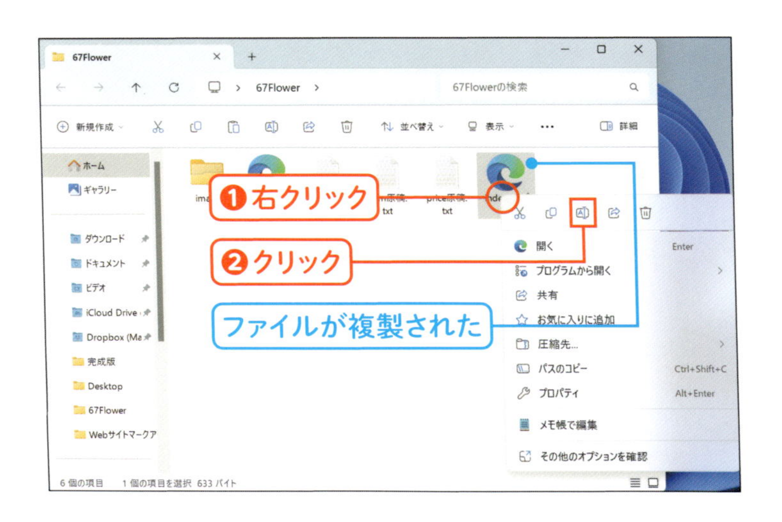

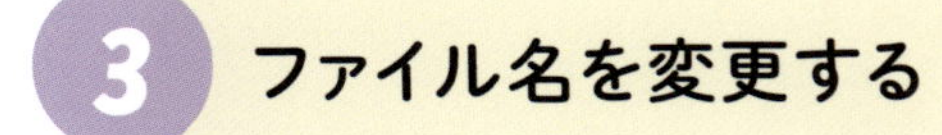

3 ファイル名を変更する

ファイルが複製されました。index - コピー.html（Macの場合はindexのコピー.html）を右クリックし❶、［名前の変更］ボタン（Macの場合は［名称変更］）をクリックします❷。

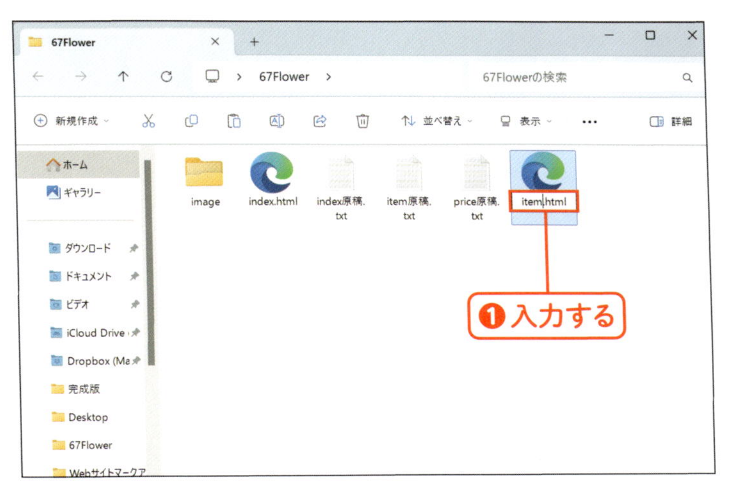

4 ファイル名を入力する

「item.html」と入力し❶、ファイル名を変更します。

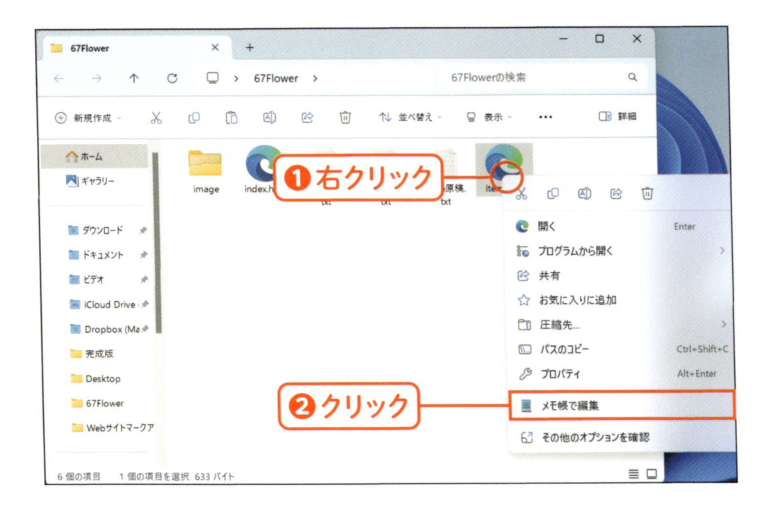

5 item.htmlを開く

手順❹で作成したitem.htmlを右クリックし❶、［メモ帳で編集］（Macの場合は［このアプリケーションで開く］→［テキストエディット.app］）をクリックします❷。

6 不要な箇所を削除する①

これから作るページで不要となるところを削除します。まずは店内写真を削除します。左図を参考に「<p><img src="image/main.jpg" alt="店内写真"></p>」を選択して❶、Delete（Macの場合は delete ）キーを押します❷。

```
<h1>67Flower</h1>
</header>
<nav>
<ul>
<li>TOP</li>
<li>ITEM</li>
<li>PRICE</li>
</ul>
</nav>
<main>
<p><img src="image/main.jpg" alt="店内写真"></p>
<section>
<h2>MESSAGE</h2>

<p>67Flowerはお花の専門店です。<br>
落ち着いた空間で、素敵なお花を探してください。</p>
</section>
</main>
```

❶選択　❷ Delete キーを押す

7 不要な箇所を削除する②

続けて、本文（section要素の内容）を削除します。左図を参考に該当箇所を選択して❶、Delete（Macの場合は delete ）キーを押します❷。

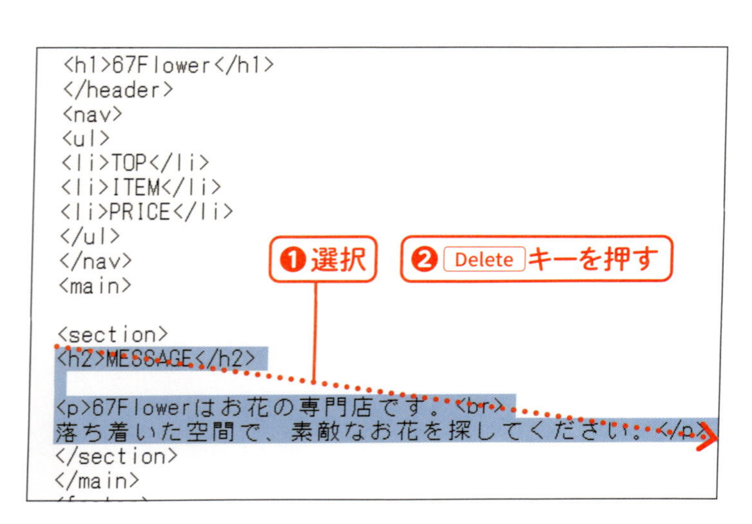

8 原稿をコピーする

P.40の手順を参考に、item原稿.txtファイルをメモ帳（Macの場合はテキストエディット）で開き、すべてのテキストを選択します❶。［編集］メニュー→［コピー］の順にクリックして❷、内容をコピーします。

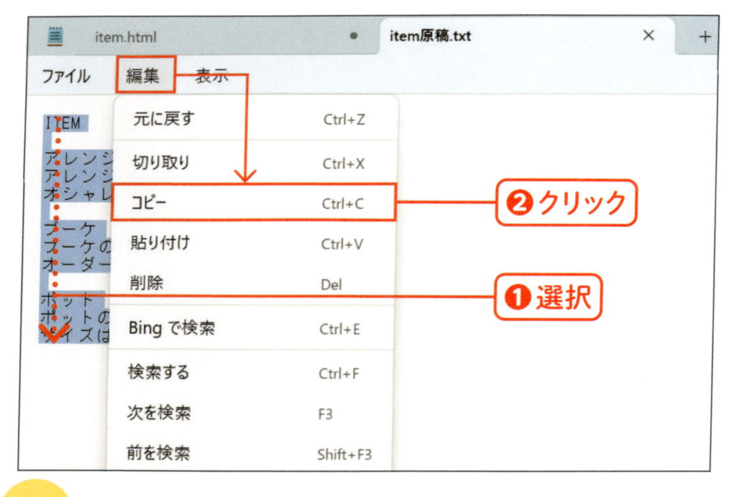

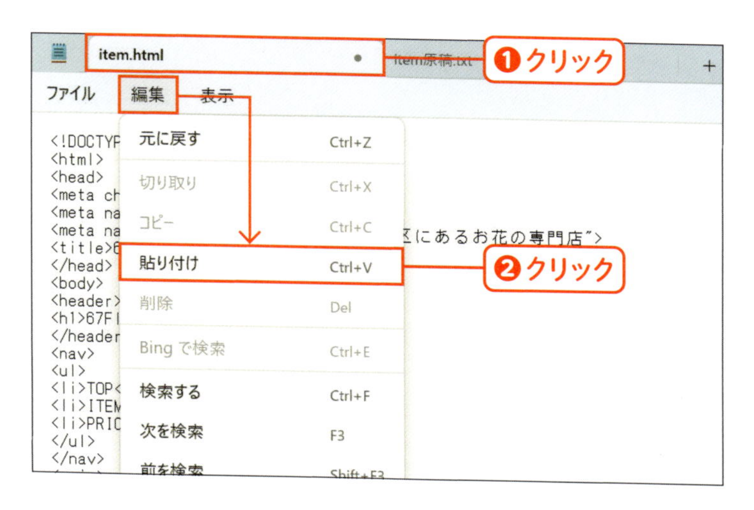

9 内容を貼り付ける

手順❽でコピーしたテキストをitem.htmlに貼り付けます。item.htmlタブをクリックし❶、編集するファイルをitem.htmlに切り替えて、<section>の下の行にカーソルがある状態で[編集]メニュー→[貼り付け]（Macの場合は[ペースト]）の順にクリックして❷、先ほどコピーした原稿がsectionタグで囲まれた状態にします。

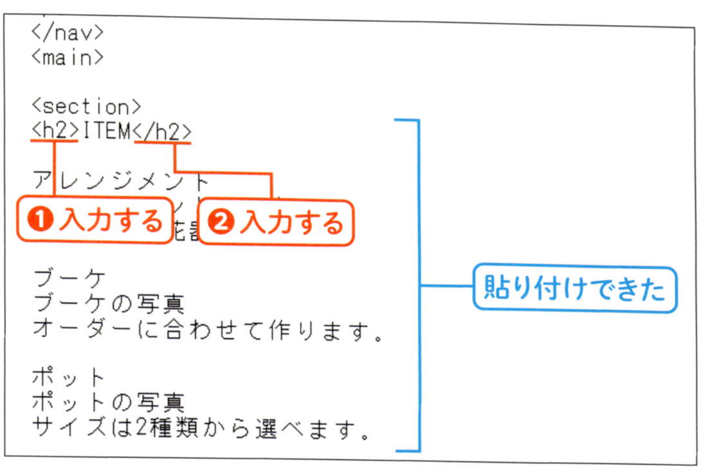

10 h2タグを入力する

「ITEM」の直前に**<h2>**を入力し❶、「ITEM」の直後に**</h2>**を入力します❷。[ファイル]メニュー→[保存]の順にクリックして、ファイルを保存しておきます。

CHECK

文法チェック

HTMLのタグの使い方や属性の記述方法などは、Web Hypertext Application Technology Working Group（WHATWG）が策定しています。WHATWGの仕様書どおりに記述できているかどうか、ツールを使ってこまめにチェックしましょう。WHATWGが推奨する「Nu Html Checker」（https://validator.w3.org/nu/#textarea）にアクセスしてテキストエリアにHTMLコードを貼り付け、「Check」ボタンを押すと簡単にエラーチェックできます。

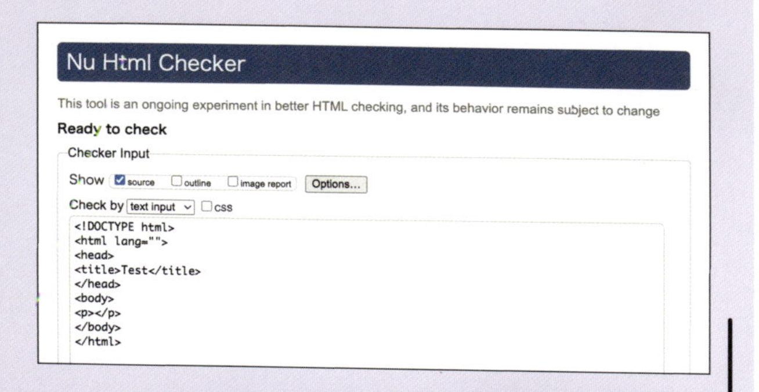

Lesson 02

説明リストを作成しよう

説明リストはウェブページを作る際に汎用性の高い要素です。「キーワードと、その補足情報」「写真と、それに添える一言」のように、対になった情報を表すときに積極的に利用しましょう。

dl、dt、dd要素とは

dlタグで囲まれた部分は、その部分が「説明リスト」であることを表します。たとえば「商品名」に対して、それを説明するための「商品写真」や「商品紹介文」のセットを表したいときに、「商品名」をdtタグ、「商品写真」「商品紹介文」をddタグで囲みます。

dtタグで囲むのは文字だけではありません。イラスト＝dt要素、イラストの説明文＝dd要素にするなど、いろいろな場面で使うことができます。

●説明リストを作成する要素

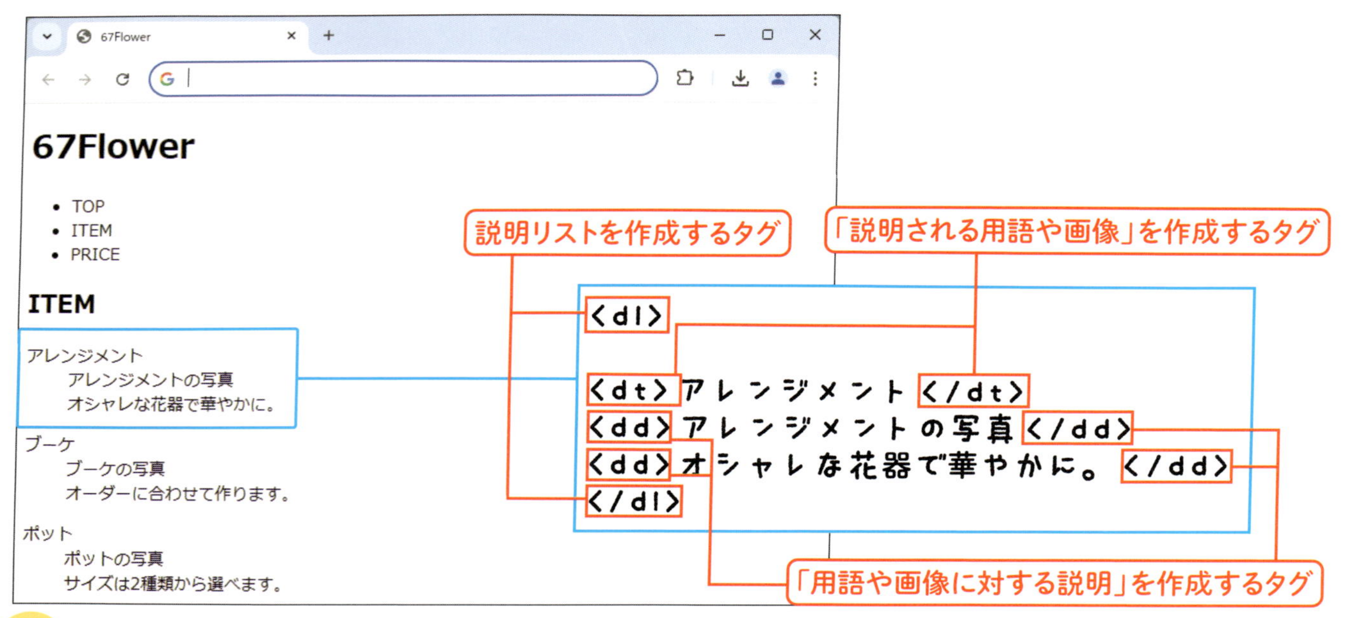

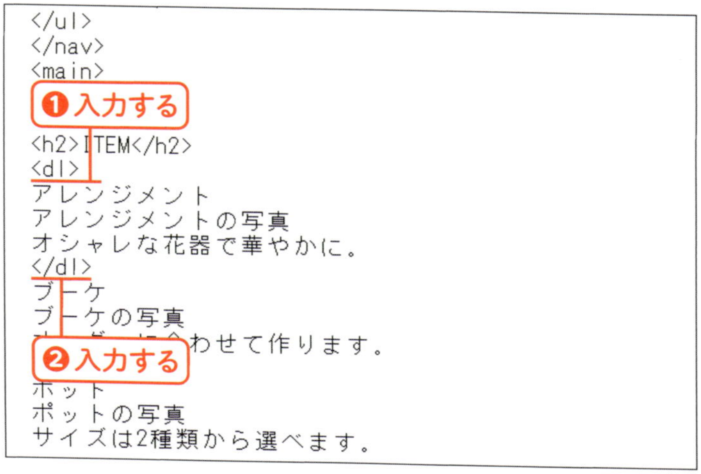

```
</ul>
</nav>
<main>

<h2>ITEM</h2>
<dl>
アレンジメント
アレンジメントの写真
オシャレな花器で華やかに。
</dl>
ブーケ
ブーケの写真
オーダーに合わせて作ります。

ポット
ポットの写真
サイズは2種類から選べます。
```

❶入力する
❷入力する

1 dlタグを入力する

item.htmlファイルを編集します。「アレンジメント」の上の行に説明リストの始まりを示す**<dl>**を入力し❶、「オシャレな花器で華やかに。」の下の行に、説明リストの終わりを示す**</dl>**を入力します❷。

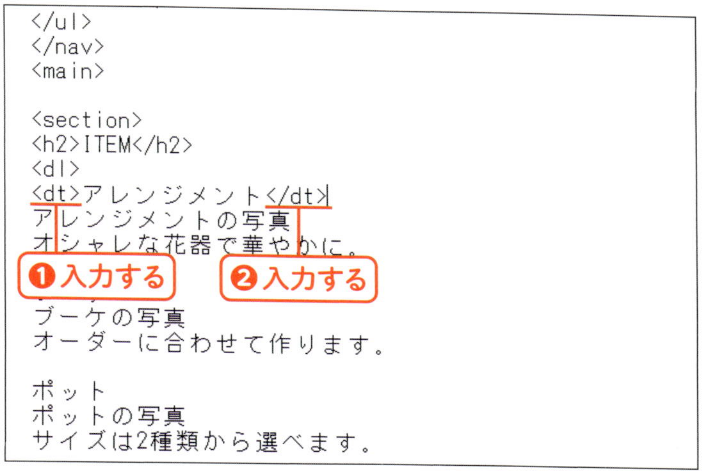

```
</ul>
</nav>
<main>

<section>
<h2>ITEM</h2>
<dl>
<dt>アレンジメント</dt>
アレンジメントの写真
オシャレな花器で華やかに。

ブーケの写真
オーダーに合わせて作ります。

ポット
ポットの写真
サイズは2種類から選べます。
```

❶入力する
❷入力する

2 dtタグを入力する

「アレンジメント」の直前に**<dt>**を入力し❶、直後に**</dt>**を入力します❷。「アレンジメント」が**説明される用語**として表されました。

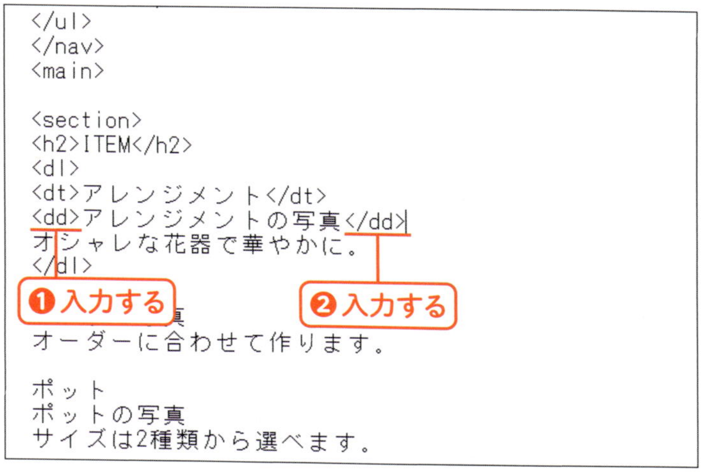

```
</ul>
</nav>
<main>

<section>
<h2>ITEM</h2>
<dl>
<dt>アレンジメント</dt>
<dd>アレンジメントの写真</dd>
オシャレな花器で華やかに。
</dl>

オーダーに合わせて作ります。

ポット
ポットの写真
サイズは2種類から選べます。
```

❶入力する
❷入力する

3 ddタグを入力する①

「アレンジメントの写真」の直前に**<dd>**を入力し❶、直後に**</dd>**を入力します❷。

Chapter 4 サブページを作ろう

```
<section>
<h2>ITEM</h2>
<dl>
<dt>アレンジメント</dt>
<dd>アレンジメントの写真</dd>
<dd>オシャレな花器で華やかに。</dd>
</dl>
ブーケ
ブーケの写真
オーダーに合わせて作ります。

ポット
ポットの写真
サイズは2種類から選べます。

</section>
</main>
<footer>
```

❶タグで囲む

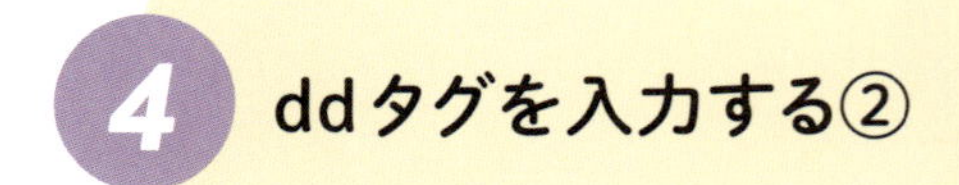

4 ddタグを入力する②

「オシャレな花器で華やかに。」も同様にddタグで囲みます❶。これで、2つのdd要素（商品写真と商品説明文）でdt要素（商品名）を説明する関係を表すことができました。

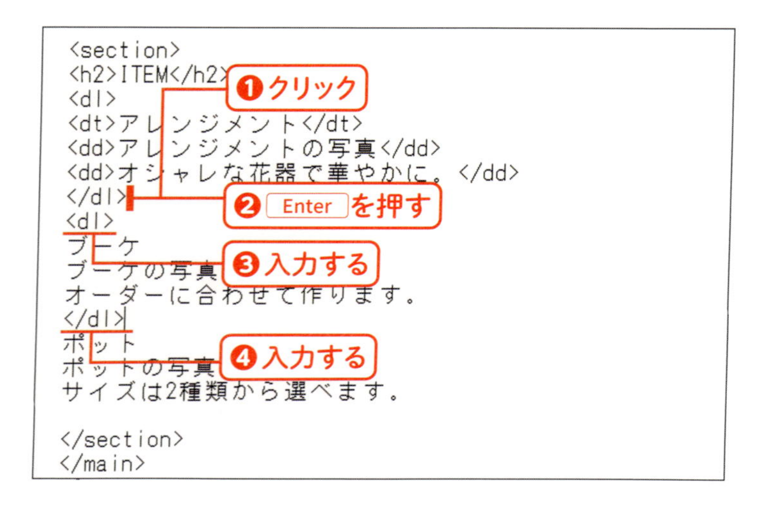

5 dlタグを入力する

</dl>の直後をクリックして❶、Enter キーを押し❷、<dl>を入力します❸。続けて、「オーダーに合わせて作ります。」の下の行に説明リストの終わりを示す</dl>を入力します❹。

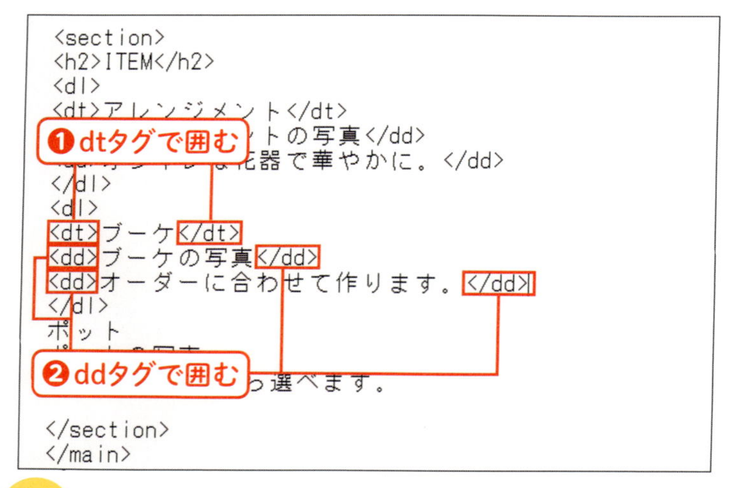

6 dt、ddタグを入力する

「ブーケ」をdtタグで囲み❶、「ブーケの写真」と「オーダーに合わせて作ります。」をそれぞれddタグで囲みます❷。

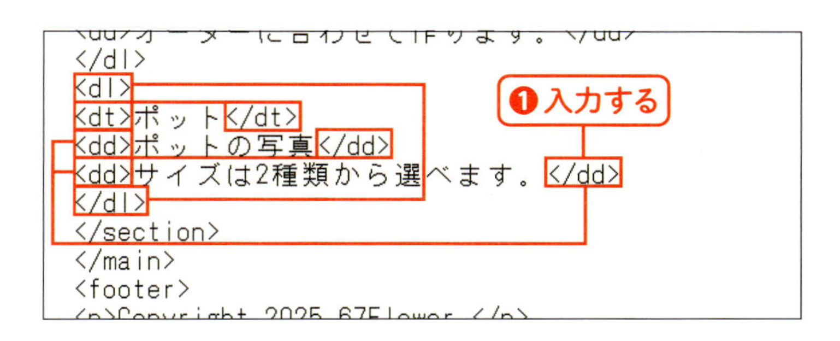

7 dl、dt、ddタグを入力する

上記の手順❶～❻を参考に、「ポット」から「サイズは2種類から選べます。」までの前後にタグを入力します❶。

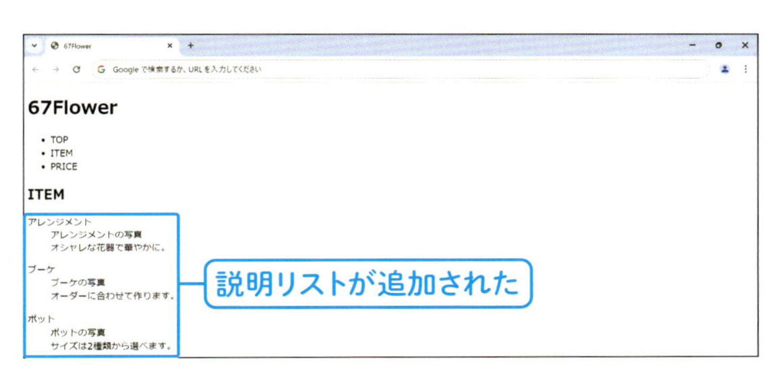

8 確認する

［ファイル］メニュー→［保存］の順にクリックしてファイルを上書き保存し、P.42を参考にitem.htmlをGoogle Chromeで開きます。説明リストが追加されたことを確認できます。

CHECK

説明リストの使いどころ

dl要素にふさわしい情報の例をいくつか紹介します。

● 用語解説

用語をdtタグ、解説文をddタグで囲むと用語解説を表すことができます。1つのdl要素の中に、dt+dd要素のセットを複数記述することも可能です。

```
<dl>
<dt>ロック</dt>
<dd>エレキギターやドラムを中心とした力強いサウンドが特徴。</dd>
<dt>ジャズ</dt>
<dd>スウィングするリズム、複雑なコード進行、自由な表現が魅力。</dd>
</dl>
```

● 作品紹介

イラストや写真などをdtタグ、キャプションをddタグで囲んで、作品ギャラリーを作ることができます。画像の追加方法はP.62～64で説明しています。

いただいた花束をスワッグに。

リサ・ラーソンさんの置物。

Lesson 03

表組を作成しよう

表組のマス目（セル）や、行ごとのまとまりを表すためには、それぞれ異なるタグを付ける必要があります。ちょっと複雑ですが、落ち着いて作業しましょう。

table、tr、th、td 要素とは

tableタグで囲まれた部分は、それが1つの表組であることを表します。tdタグで囲まれた部分は表組のデータセル（マス）です。見出しのセルはtdではなくthタグで囲みます。いくつかのtd（th）要素をtrタグで囲むことで、それらのtd（th）要素が1行の中に並んでいることを表します。ここでは、2列×4行の表組を作成したうえで、商品名を「見出しのセル」として表します。

表を作成する要素

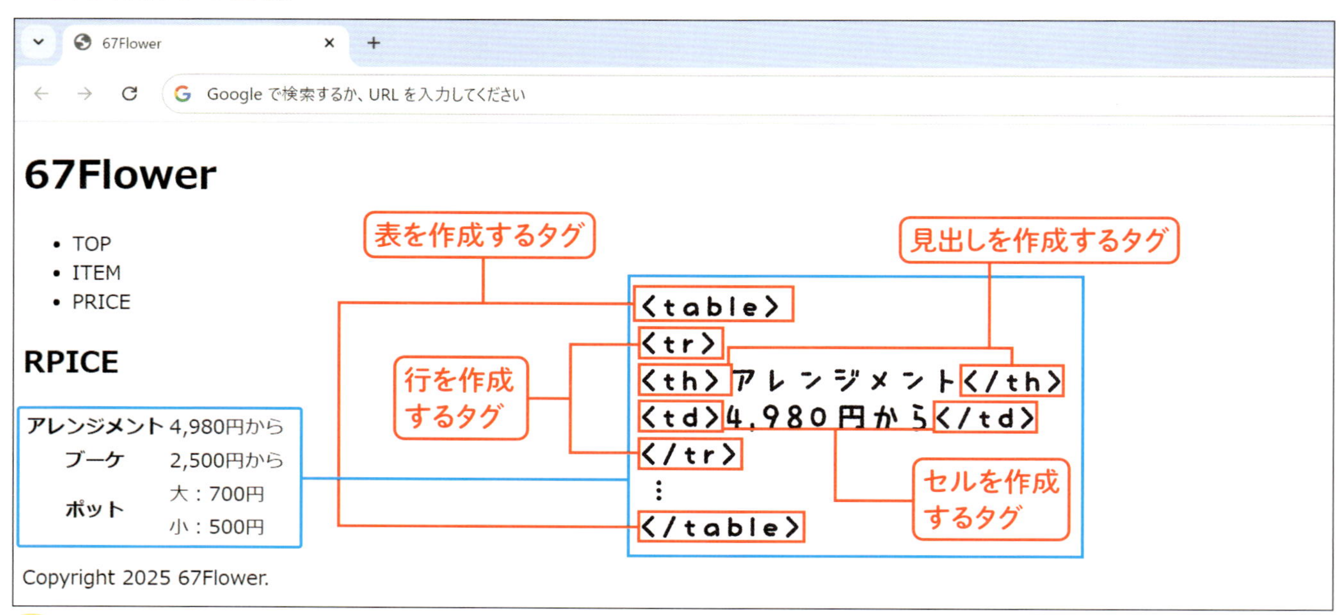

1 price.htmlを作成する

P.70手順❶～P.71手順❹を参考にしてindex.htmlを複製し、ファイル名を「price.html」に変更します❶。

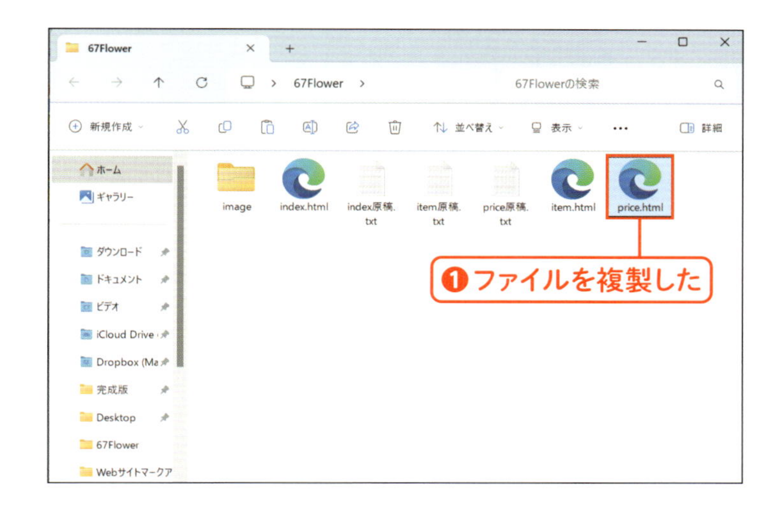

2 不要な箇所を削除する

P.71手順❺～P.72手順❼を参考に、メモ帳（Macの場合はテキストエディット）でprice.htmlを開きます。「<p><img src="image/main.jpg" alt="店内写真"></p>」と、本文（section要素の内容）を削除します❶。

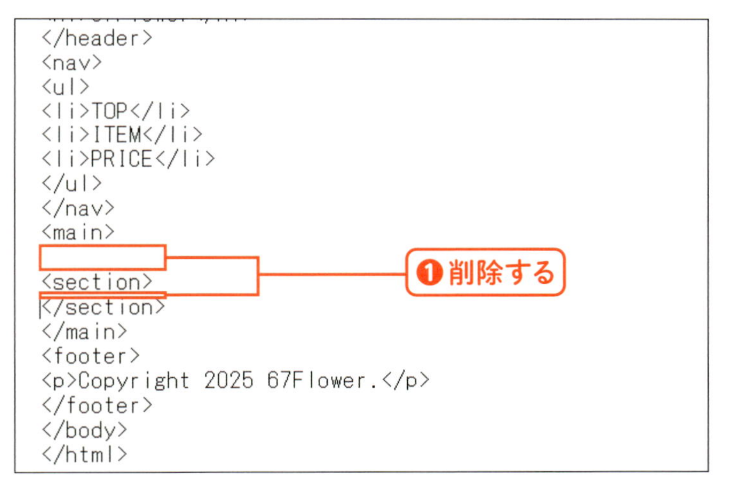

```
</header>
<nav>
<ul>
<li>TOP</li>
<li>ITEM</li>
<li>PRICE</li>
</ul>
</nav>
<main>

<section>
</section>
</main>
<footer>
<p>Copyright 2025 67Flower.</p>
</footer>
</body>
</html>
```


3 原稿をコピーする

P.72手順❽～P.73手順❿を参考にして、price原稿.txtファイルの内容をコピーして貼り付け❶、h2タグを入力します❷。

```
</ul>
</nav>
<main>

<section>
<h2>PRICE</h2>

アレンジメント
4,980円から

ブーケ
2,500円から

ポット
大：700円
小：500円

</section>
```

❶貼り付ける
❷入力する

```
<section>
<h2>PRICE</h2>
<table>
アレンジメント
4,980円から

ブーケ
2,500円から

ポット
大：700円
小：500円
</table>
</section>
</main>
<footer>
<p>Copyright 2025 67Flower.</p>
</footer>
```

❶入力する
❷入力する

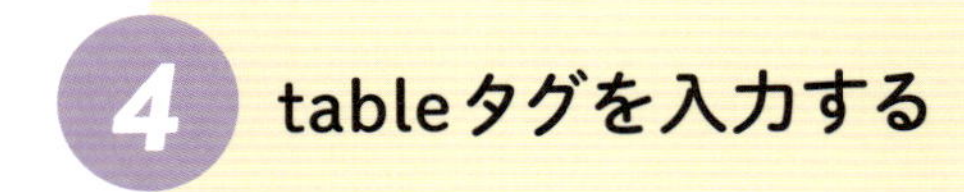

4 tableタグを入力する

「アレンジメント」の上の行に表組の始まりを示す **<table>** を入力し❶、「小：500円」の下の行に、表組の終わりを示す **</table>** を入力します❷。

```
<section>
<h2>PRICE</h2>
<table>
<tr>
アレンジメント
4,980円から
</tr>
ブーケ
2,500円から

ポット
大：700円
小：500円
</table>
</section>
</main>
<footer>
<p>Copyright 2025 67Flower.</p>
```

❶入力する
❷入力する

5 trタグを入力する

「アレンジメント」の上の行に **<tr>** を入力し❶、「4,980円から」の下の行に **</tr>** を入力します❷。「アレンジメント」から「4,980円から」までが1行に並びます。

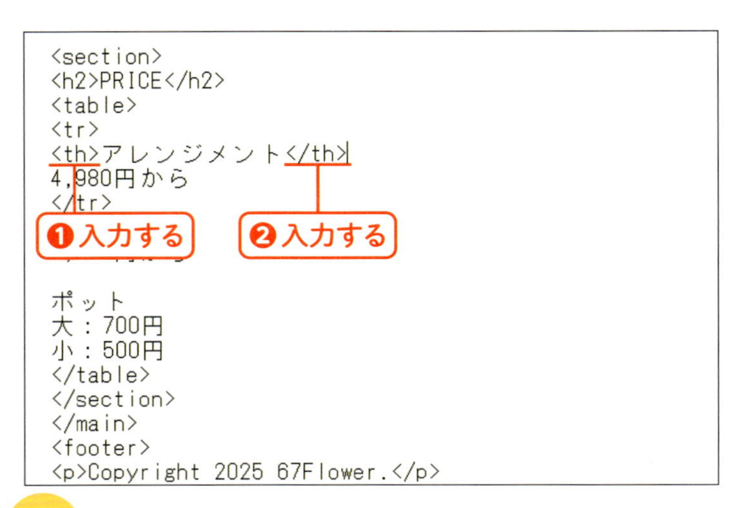

```
<section>
<h2>PRICE</h2>
<table>
<tr>
<th>アレンジメント</th>
4,980円から
</tr>

ポット
大：700円
小：500円
</table>
</section>
</main>
<footer>
<p>Copyright 2025 67Flower.</p>
```


6 thタグを入力する

「アレンジメント」の直前に **<th>** を入力し❶、直後に **</th>** を入力します❷。「アレンジメント」が見出しセルに入ります。

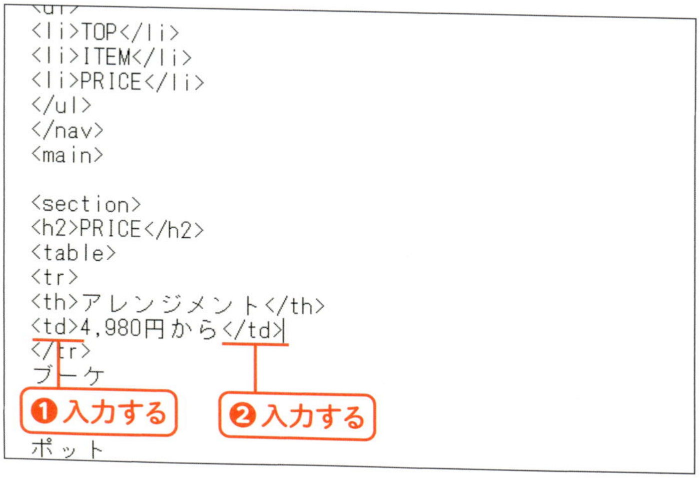

```
<li>TOP</li>
<li>ITEM</li>
<li>PRICE</li>
</ul>
</nav>
<main>

<section>
<h2>PRICE</h2>
<table>
<tr>
<th>アレンジメント</th>
<td>4,980円から</td>
</tr>
ブーケ
ポット
```

❶入力する ❷入力する

7 tdタグを入力する

「4,980円から」の直前に**<td>**を入力し❶、直後に**</td>**を入力します❷。「4,980円から」がデータセルに入ります。

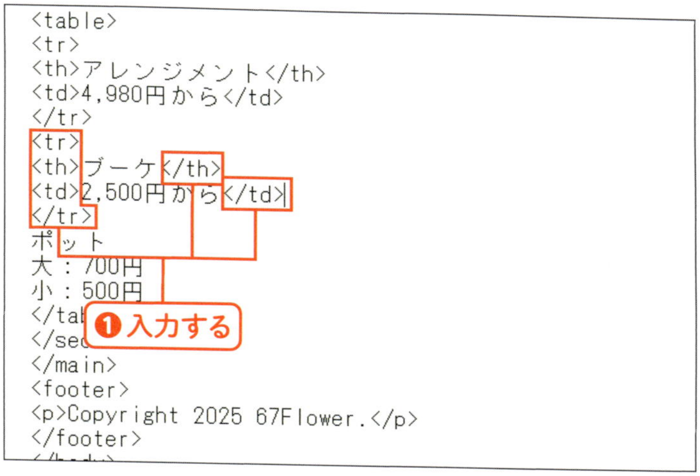

```
<table>
<tr>
<th>アレンジメント</th>
<td>4,980円から</td>
</tr>
<tr>
<th>ブーケ</th>
<td>2,500円から</td>
</tr>
ポット
大 : 700円
小 : 500円
</table>
</section>
</main>
<footer>
<p>Copyright 2025 67Flower.</p>
</footer>
```

❶入力する

8 tr、th、tdタグを入力する①

上記の手順❺〜❼を参考に、「ブーケ」から「2,500円から」までの前後にタグを入力します❶。

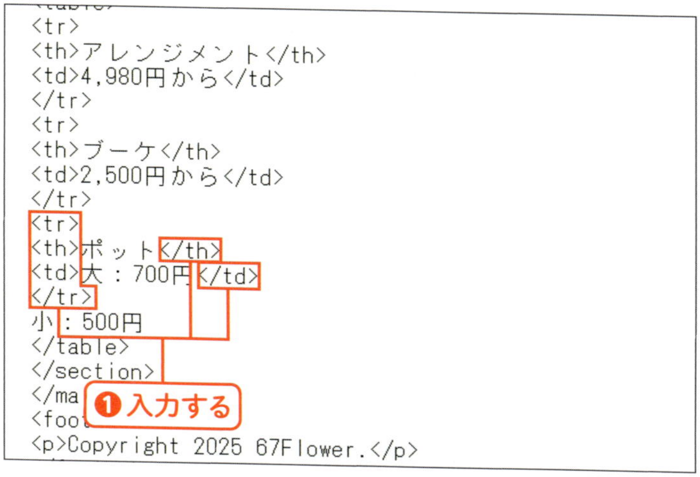

```
<tr>
<th>アレンジメント</th>
<td>4,980円から</td>
</tr>
<tr>
<th>ブーケ</th>
<td>2,500円から</td>
</tr>
<tr>
<th>ポット</th>
<td>大 : 700円</td>
</tr>
小 : 500円
</table>
</section>
</main>
<footer>
<p>Copyright 2025 67Flower.</p>
```

❶入力する

9 tr、th、tdタグを入力する②

ここから先は少し複雑なコードなので、丁寧に進めましょう。手順❽と同様に、「ポット」から「大 : 700円」までの前後にタグを入力します❶。

10 trタグを入力する

「小：500円」の上の行に**<tr>**を入力し❶、「小：500円」の下の行に**</tr>**を入力します❷。

```
<tr>
<th>ブーケ</th>
<td>2,500円から</td>
</tr>
<tr>
<th>ポット</th>
<td>大：700円</td>
</tr>
<tr>
小：500円
</tr>
</table>
</section>
</main>
<footer>
<p>Copyright 2025 67Flower.</p>
</footer>
</body>
```

❶入力する

❷入力する

11 tdタグを入力する

「小：500円」の直前に**<td>**を入力し❶、「小：500円」の直後で**</td>**を入力します❷。

```
<tr>
<th>ブーケ</th>
<td>2,500円から</td>
</tr>
<tr>
<th>ポット</th>
<td>大：700円</td>
</tr>
<tr>
<td>小：500円</td>
</tr>
</table>
<footer>
<p>Copyright 2025 67Flower.</p>
</footer>
</body>
```

❶入力する

❷入力する

MEMO

4つめのtr要素の中にth要素が無いのが気になりますが、ひとまず先に進めてください。

12 rowspan属性を入力する

<th>ポット</th>の<thと>の間に␣**rowspan="2"**を入力します❶。

```
<th>ブーケ</th>
<td>2,500円から</td>
</tr>
<tr>
<th rowspan="2">ポット</th>
<td>大：700円</td>
</tr>
<tr
<td
</tr>
</table>
</section>
</main>
<footer>
<p>Copyright 2025 67Flower.</p>
</footer>
</body>
</html>
```

❶入力する

MEMO

「rowspan="2"」を追加することで、「ポット」が表の3行目（大：700円）と4行目（小：500円）の両方にまたがる見出しセルになります。
詳しくはP.83のCHECKを参照してください。

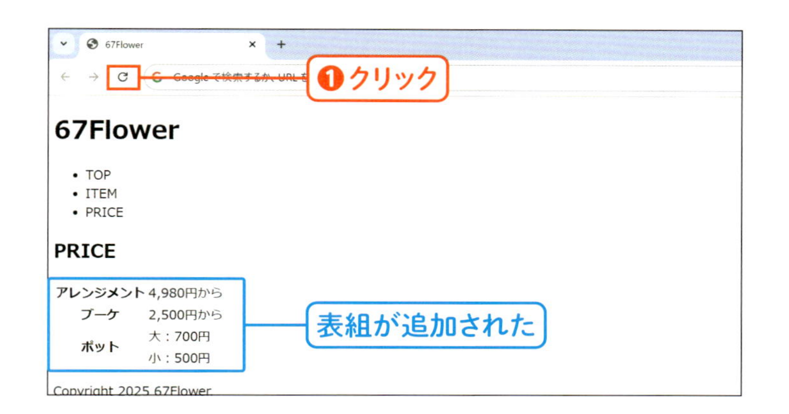

13 確認する

メモ帳の［ファイル］メニュー→［保存］の順にクリックして、ファイルを保存し、Google Chromeの更新ボタンをクリックします❶。2列×4行の表組が追加されたことを確認できます。

CHECK

複雑な表を作成する

セルを連結するなどして複雑な表を作成するには、tdまたはthタグに属性を付け加えます。横方向の連結はcolspan属性、縦方向の連結はrowspan属性を追加して指定します。属性値には連結したいセルの数を指定しますが、このとき、各行のセルの合計が食い違うことのないよう気を付けましょう。

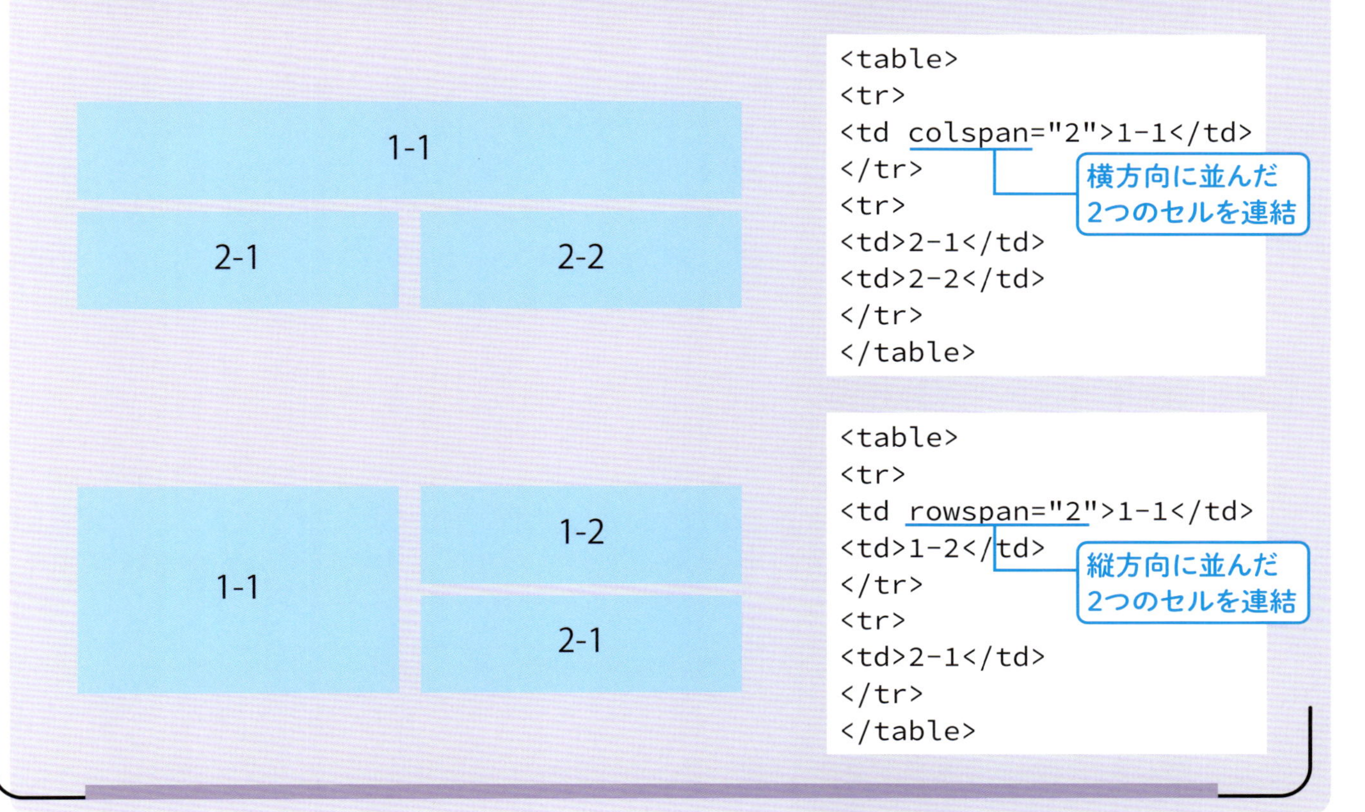


```
<table>
<tr>
<td colspan="2">1-1</td>
</tr>
<tr>
<td>2-1</td>
<td>2-2</td>
</tr>
</table>
```

```
<table>
<tr>
<td rowspan="2">1-1</td>
<td>1-2</td>
</tr>
<tr>
<td>2-1</td>
</tr>
</table>
```

Lesson 04

ページ同士を連携しよう

ウェブページ同士を連携するために、リンクの設定を行います。画像やテキストをaタグで囲むことで、その画像やテキストから別のウェブページを呼び出して表示できます。

a要素について

HTMLはHyperText Markup Language（ハイパーテキスト マークアップ ランゲージ）の略称です。前半の「ハイパーテキスト」とは、複数の文書を関連付け、結び付けるしくみのことを指します。ページ間を簡単に行ったり来たりして情報収集できることは、ウェブというメディアのもっとも大きな特徴の1つといってよいでしょう。現在表示しているページから別のページに移動することをリンクといいますが、リンクを設定するにはaタグを入力します。aタグで囲まれた部分は「ここはリンクエリアである」と見なされますが、それだけだと「どこにリンクするのか」を指定できないため、リンク先を指定するための**href属性**も一緒に記述するのが一般的です。なお、同一サイト内のページはもちろんのこと、必要に応じてほかのウェブサイトのページと連携することも可能です。**target属性**を記述すると、別のタブの中にリンク先を表示できます。

●リンクを設定する要素

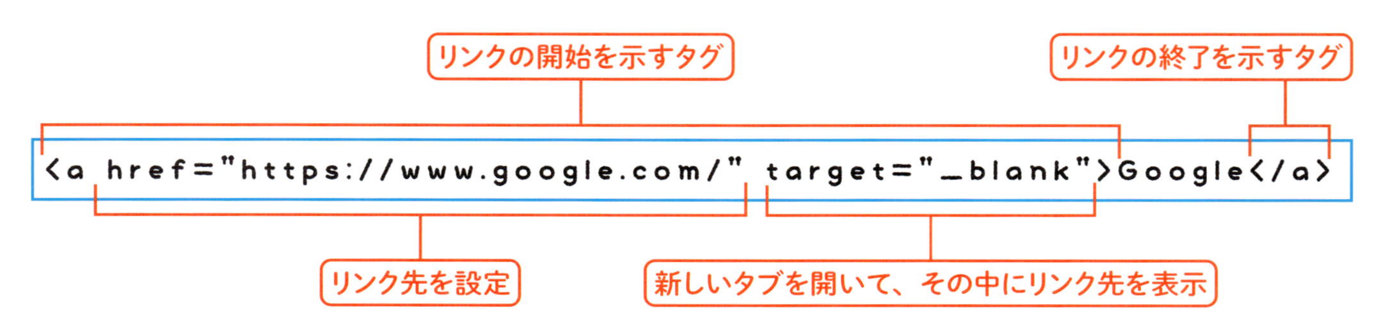

```
<title>67Flower</title>
</head>
<body>
<header>
<h1>67Flower</h1>
</header>
<nav>
<ul>
<li><a href="index.html">TOP</li>
<li>ITEM</li>
<li>PRICE</li>
</ul>
</nav>
<main>
<p><img src="image/main.jpg" alt="店内写真"></p>
<section>
<h2>MESSAGE</h2>

<p>67Flowerはお花の専門店です。<br>
```

❶入力する

1 <a>を入力する

ナビゲーション項目にリンクを設定しましょう。メモ帳（Macの場合はテキストエディット）でindex.htmlを開きます。「TOP」の直前に、リンクの開始を示す**<a href="index.html">**を入力します❶。

```
<title>67Flower</title>
</head>
<body>
<header>
<h1>67Flower</h1>
</header>
<nav>
<ul>
<li><a href="index.html">TOP</a></li>
<li>ITEM</li>
<li>PRICE</li>
</ul>
</nav>
<main>
<p><img src="image/main.jpg" alt="店内写真"></p>
<section>
<h2>MESSAGE</h2>

<p>67Flowerはお花の専門店です。<br>
```

❶入力する

2 </a>を入力する

「TOP」の直後に、リンクの終了を示す**</a>**を入力します❶。index.htmlへのリンクが設定されました。これにより、Google Chromeで「TOP」の文字をクリックするとindex.htmlが表示されるようになります。

```
<title>67Flower</title>
</head>
<body>
<header>
<h1>67Flower</h1>
</header>
<nav>
<ul>
<li><a href="index.html">TOP</a></li>
<li><a href="item.html">ITEM</a></li>
<li>PRICE</li>
</ul>
</nav>
<main>
<p><img src="image/main.jpg" alt="店内写真"></p>
<section>
<h2>MESSAGE</h2>

<p>67Flowerはお花の専門店です。<br>
```

❶入力する　❷入力する

3 ITEMの前後にaタグを入力する

「ITEM」の直前にリンクの開始を示す**<a href="item.html">**を入力し❶、「ITEM」の直後にリンクの終了を示す**</a>**を入力します❷。これにより、Google Chromeで「ITEM」の文字をクリックすると、item.htmlが表示されるようになります。

4 PRICEの前後にaタグを入力する

「PRICE」の直前にリンクの開始を示す**<a␣href="price.html">**を入力し❶、「PRICE」の直後にリンクの終了を示す**</a>**を入力します❷。これにより、Google Chromeで「PRICE」の文字をクリックするとprice.htmlが表示されるようになります。［ファイル］メニュー→［保存］の順にクリックしてファイルを上書き保存します。

```
<title>67Flower</title>
</head>
<body>
<header>
<h1>67Flower</h1>
</header>
<nav>
<ul>
<li><a href="index.html">TOP</a></li>
<li><a href="item.html">ITEM</a></li>
<li><a href="price.html">PRICE</a></li>
</ul>
</nav>
<main>
<p><img        ain.jpg"        "></p>
<section>
<h2>MESSAGE</h2>

<p>67Flowerはお花の専門店です。<br>
```

❶入力する　❷入力する

5 item.htmlにaタグを入力する

編集するファイルをitem.htmlに切り替えます。上記の手順❶～❹を参考にaタグを入力します❶。［ファイル］メニュー→［保存］の順にクリックしてファイルを上書き保存します。

```
<title>67Flower</title>
</head>
<body>
<header>
<h1>67Flower</h1>
</header>
<nav>
<ul>
<li><a href="index.html">TOP</a></li>
<li><a href="item.html">ITEM</a></li>
<li><a href="price.html">PRICE</a></li>
</ul>
</nav>
<main>

<section>
<h2>ITEM</h2>
<dl>
<dt>アレンジメント</dt>
```

❶入力する

6 price.htmlにaタグを入力する

編集するファイルをprice.htmlに切り替えてitem.htmlと同様の手順でaタグを入力し、［ファイル］メニュー→［保存］の順にクリックしてファイルを上書き保存します。Google Chromeで確認すると❶、ナビゲーションボタンを使って全ページを行ったり来たりできるようになります。

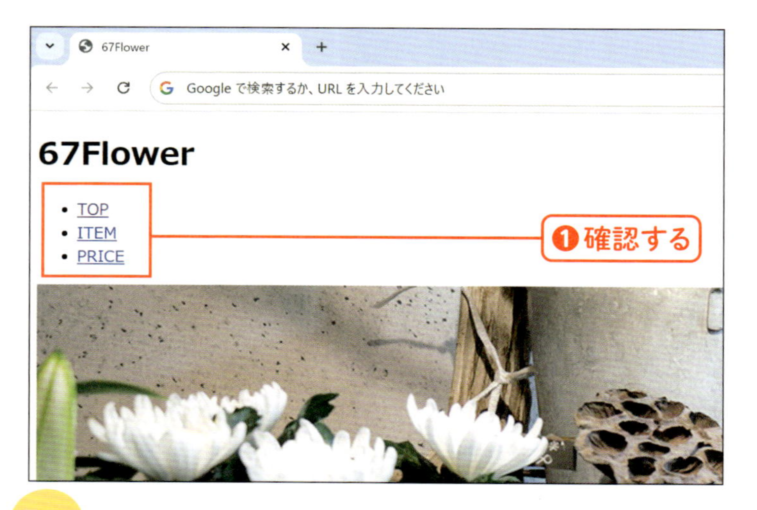

CHECK

リンクいろいろ

● 特定の場所へのリンク

ページ単位ではなく、ページ内の特定の場所に対してリンクを設定できます。その際、リンク先として設定できるのは、id属性で名前を付けた要素です。名前の付け方は、P.95を参照してください。このサンプルでは、「ページ上部に戻る」のリンク先として「logoというid名が付いた要素」が設定されているので、「ページ上部に戻る」をクリックすると、h1要素がウィンドウの最上部に配置されます。

```
<title>67Flower</title>
<link href="style.css" media="all" rel="stylesheet">
<link href="https://fonts.googleapis.com/css?family=Josefin+S
</head>
<body>
<header>
<h1 id="logo">67Flower</h1>
</header>
<div class="content">
<nav>
```

```
</section>
</main>
<p><a href="#logo">ページ上部に戻る</a></p>
</div>
<footer>
```

▲クリック前

▲クリック後

● アプリケーションを起動するリンク

リンク先を設定する際に、いくつかのプロトコルを使うことができます。プロトコルとは、特定のやり取りを実現するための約束事のようなものです。mailtoプロトコルを使うと、ウェブブラウザに設定されているメールアプリを起動できます。スマートフォンで閲覧しているユーザー向けにtelプロトコルを使うと、タップするだけで電話をかけることが可能です。プロトコルを使う場合は、プロトコル名に続けて半角コロンを入力し、その後ろにメールアドレスや電話番号を記述します。

```
<a href="mailto:info@example.com">メールを送る</a>
<a href="tel:01-2345-6789">電話をかける</a>
```

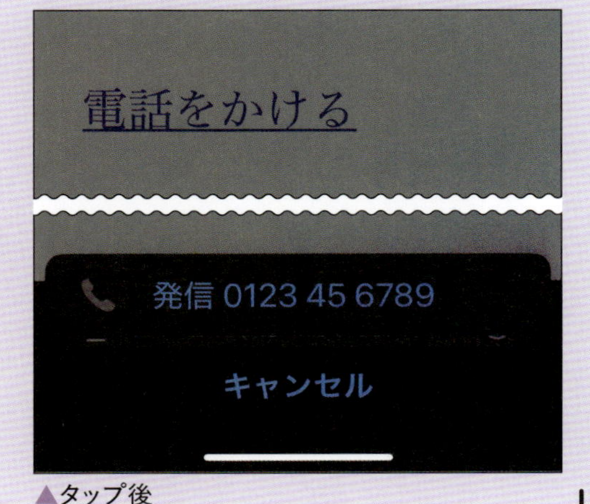

▲タップ後

練習問題

問題1 Bのような表組を作成するには右下のコードにどのように手を加えればよいか答えなさい。

1-1	1-2	1-3
2-1	2-2	2-3

▲A. 変更前のイメージ

1-1 と 2-1	1-2 と 1-3	
	2-2	2-3

▲B. 変更後のイメージ

```
<table>
<tr>
<td>1-1</td>
<td>1-2</td>
<td>1-3</td>
</tr>
<tr>
<td>2-1</td>
<td>2-2</td>
<td>2-3</td>
</tr>
</table>
```

問題2 P.34～35を参考に、item.html のページタイトルを「ITEM｜67Flower」、P.36～37を参考に、ページ概要を「67Flowerの取扱い商品」にして、price.htmlのページタイトルを「PRICE｜67Flower」、ページ概要を「67Flowerの商品価格表」に変更しなさい。

問題3 item.html内の3箇所を、以下のように書き換えてください。作業が終わったらファイルを保存し、Google Chromeの更新ボタンをクリックします。画像が表示されるか確認しましょう。

変更前	変更後
<dd>アレンジメントの写真</dd>	<dd><img src="image/item1.jpg" alt="アレンジメントの写真"></dd>
<dd>ブーケの写真</dd>	<dd><img src="image/item2.jpg" alt="ブーケの写真"></dd>
<dd>ポットの写真</dd>	<dd><img src="image/item3.jpg" alt="ポットの写真"></dd>

▶解答はP.187

Chapter

5

CSSの基本を理解しよう

HTML文書が完成したら、CSS（スタイルシート）を記述してデザインやレイアウトの情報を適用することで、私たちが見慣れたウェブページの形に近づけていきます。本章では、CSSの記述方法と、CSSをHTML文書に紐付ける方法を解説します。HTMLとCSSはそれぞれ独立した情報のように見えますが、実際には密接に関わり合っています。どのHTML要素に対してどんなスタイルを適用するのか、頭の中を整理しながら先に進みましょう。

CSSの基本を理解しよう

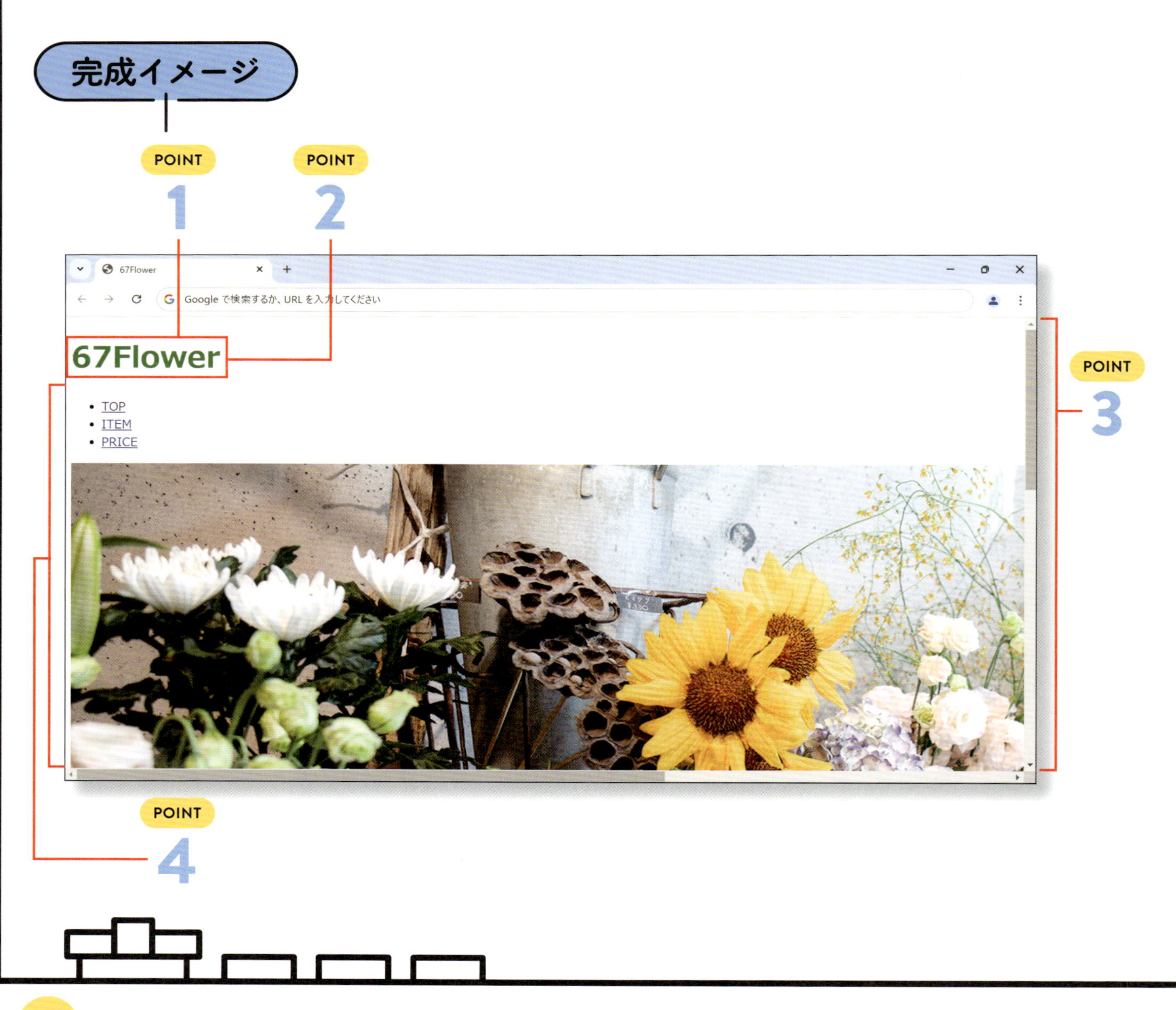

この章のポイント

POINT

1 テキストの色の設定

P.96

colorプロパティを使って、テキストの色を設定する方法を学びます。

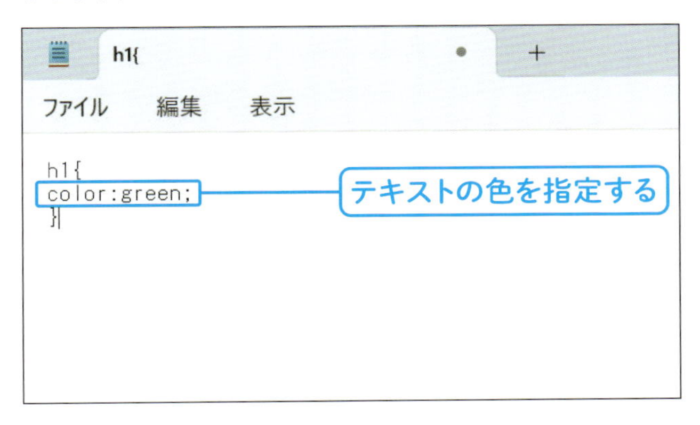

POINT

2 テキストの大きさの設定

P.98

font-sizeプロパティを使って、テキストの大きさを設定する方法を学びます。

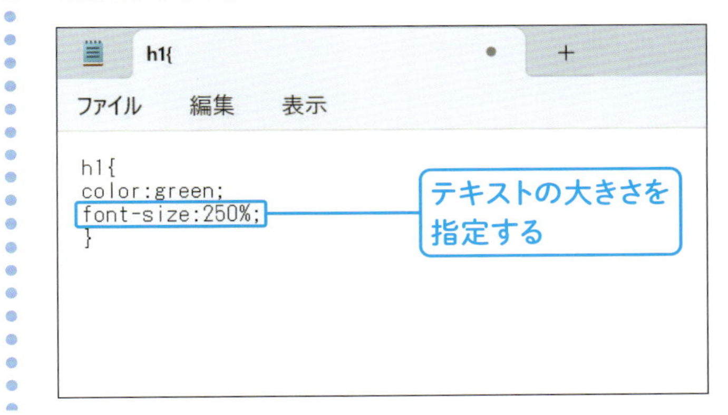

POINT

3 CSSファイルの読み込み

P.102

linkタグを入力し、CSSファイルとHTMLファイルを関連付ける方法を学びます。

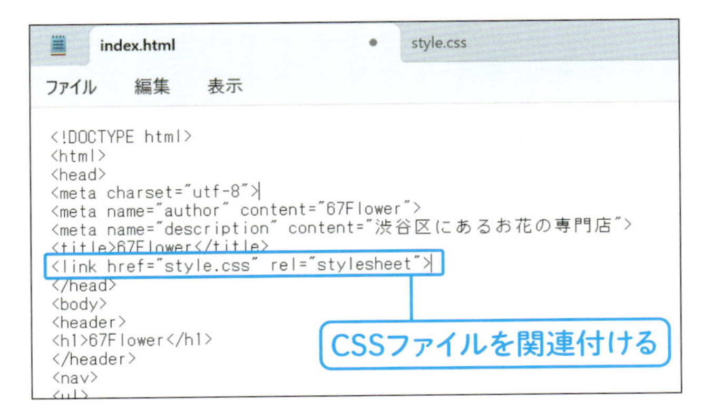

POINT

4 グループ化

P.104

divタグを入力し、レイアウトのまとまりに合わせてグループ化する方法を学びます。

```
</header>
<div class="content">
<nav>
<ul>
<li><a href="index.html">TOP</a></li>
<li><a href="item.html">ITEM</a></li>
<li><a href="price.html">PRICE</a></li>
</ul>
</nav>
<main>
<p><img src="image/main.jpg" alt="店内写真"></p>
<section>
<h2>MESSAGE</h2>

<p>67Flowerはお花の専門店です。<br>
落ち着いた空間で、素敵なお花を探してください。</p>
</section>
</main>
</div>
<footer>
```

グループを設定する

Lesson 01

CSSの基本を理解しよう

CSSとはCascading Style Sheets（カスケーディングスタイルシート）の略です。CSSは、ウェブページの見栄えを指定するためのものです。

CSSでレイアウトする

ウェブページは、発信する情報（文章など）そのものが記述されたHTMLファイルと、見た目に関するさまざまな指定が記述されたCSSファイルの組み合わせで表現されます。HTMLには、テキストを太字で表示するためのb要素や欧文テキストをイタリック体で表示するためのi要素といった特殊なものもありますが、基本的には**HTML＝情報、CSS＝見た目**です。それぞれの役割をきちんと分離することで、効率的にウェブサイトを管理できると同時に、より多くの人にとって使いやすいウェブサイトを提供することができます。CSSは現在進行形で拡張や修正がなされており、まとまった区切りごとに、**勧告**という形で公式に発表されます。この区切りは**モジュール**と呼ばれます。なお、定義されたプロパティや値がすべてのブラウザでサポートされているわけではないので注意しましょう。

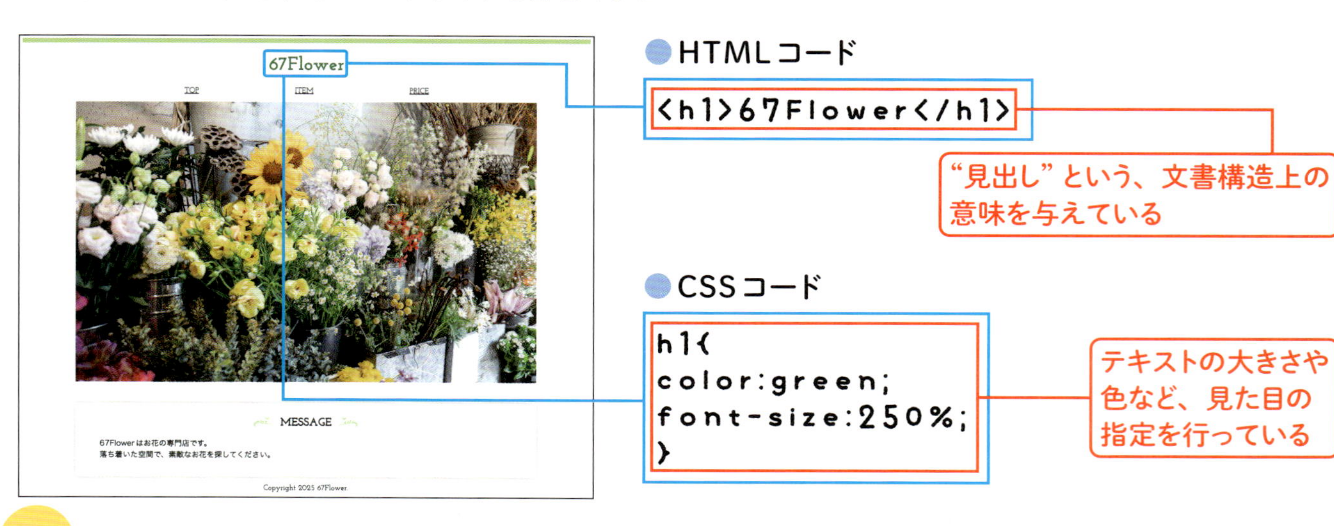

セレクタ、プロパティ、値、コメントの書き方

❶セレクタ

スタイルの適用先を示すための情報がセレクタです。要素の名前を指定しましょう。下の例ではbody要素（本文エリア全体）が適用対象となります。テキストの大きさや色、背景色などのスタイルは、セレクタの後ろに入力した{と}の間に記述します。コードを読みやすくするため、{と}の前後に改行を入れてもかまいません。

❷プロパティ

スタイルの種類を指定するための情報です。CSSの仕様書で定義されたプロパティから、必要なものを選んで記述します。テキストの大きさはfont-size、背景色はbackground-colorなど、プロパティ名は英語の単語を組み合わせたものが多いため、英語が得意な人は覚えやすいかもしれません。下の例のcolorは、テキストの色を指定するためのプロパティです。

❸値

プロパティに応じて希望のスタイルを指定します。下の例では黒を意味するblackが記述されています。プロパティと値の間には、区切り文字の:（半角コロン）が付くことに注意してください。さらに続けて別のプロパティを記述する場合には、値の後ろに;（半角セミコロン）を付けます。コードを読みやすくするために;の後に改行を入れてもかまいません。

❹コメント

メモを書き入れたいときには、メモの直前に/*、メモの直後に*/を入力します。/*と*/で囲まれた部分はコメントとして認識され、ウェブブラウザ上の表示に影響を与えません。

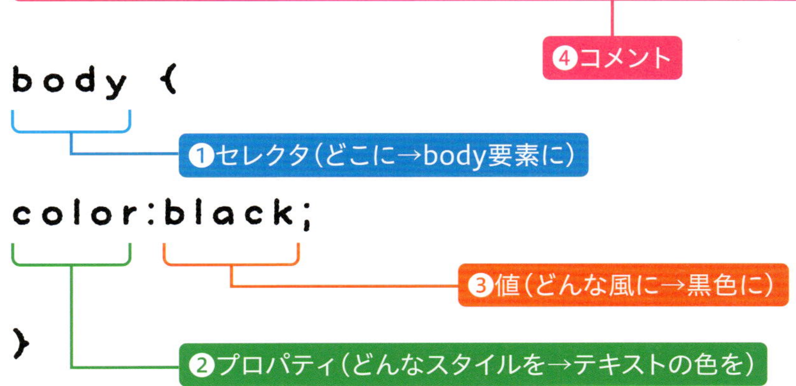

Lesson 02

セレクタを理解しよう

ここでは代表的な3つのセレクタである、タイプセレクタ、classセレクタ、idセレクタの解説と、それらを組み合わせたセレクタの記述方法をご紹介します。

タイプセレクタ

h1やpなど、HTMLの要素名そのものをセレクタとして利用できます。指定されたスタイルは、ページの中にあるすべての同一要素に適用されます。「こっちのh2は赤色、あっちのh2は青色で表示したい」といった場合には、classセレクタやidセレクタを利用しましょう。

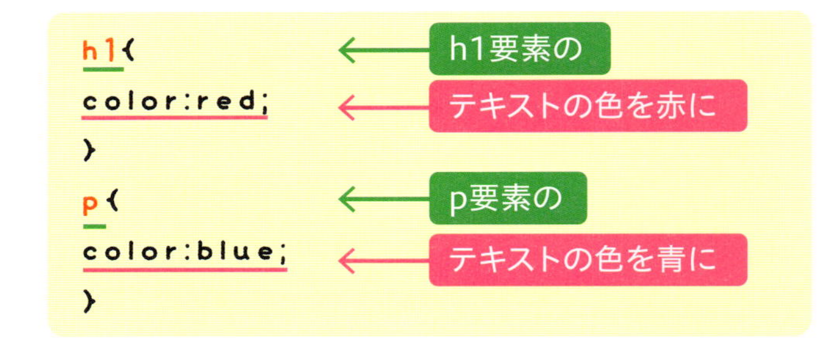

classセレクタ

classセレクタはclass名を利用したセレクタです。class名は、HTMLの開始タグの中にclass属性の値として記述します。このclass名の前に「.」（半角ドット）を付けたものがclassセレクタとなります。この例では、p要素に付けた「note」というclass名をセレクタとしてスタイル指定を行っています。

● HTMLファイル

```
<p class="note">定休日は日曜です。</p>
```

● CSSファイル

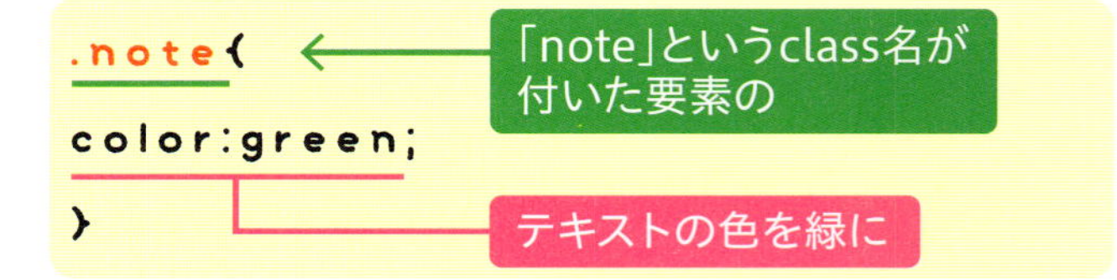

idセレクタ

idセレクタはid名を利用したセレクタです。id名は、HTMLの開始タグの中にid属性の値として記述します。id名の前に「#」（半角シャープ）を付けたものがidセレクタとなります。この例では、h1要素に付けた「logo」というid名をセレクタとしてスタイル指定を行っています。1つのHTML文書の中で、同一のid名を使い回すことはできないので気を付けましょう。

●HTMLファイル

```
<h1 id="logo">67Green</h1>
```

●CSSファイル

```
#logo{color:orange;}
```

「logo」というid名が付いた要素の　テキストの色をオレンジ色に

組み合わせ方：子孫セレクタ

HTML文書では、ある要素の中に別の要素が含まれることがあります。こうした入れ子の関係を利用して、目的の要素を限定できます。この例では、p要素に含まれるimg要素に限定してスタイル指定を行っています。そのため、たとえばh2要素に含まれるimg要素は対象になりません。子孫セレクタでは、複数の要素を左から右に向かって半角スペースでつなぎながら記述します。

●HTMLファイル

```
<p><img src="img/picture.jpg" alt=""></p>
```

●CSSファイル

```
p img{padding:0;}
```

p要素の中にあるimg要素の　余白を0（ゼロ）に

組み合わせ方：複数セレクタ

複数の要素に共通のスタイルを適用する場合は、要素同士を「,」（半角カンマ）でつないで記述します。この例では、h3要素とp要素に共通のスタイル指定を行っています。

●HTMLファイル

```
<h3>お花を選ぶコツ</h3>
<p>インテリアに合う色を選ぶと失敗しません。</p>
```

●CSSファイル

```
h3,p{color:gray;}
```

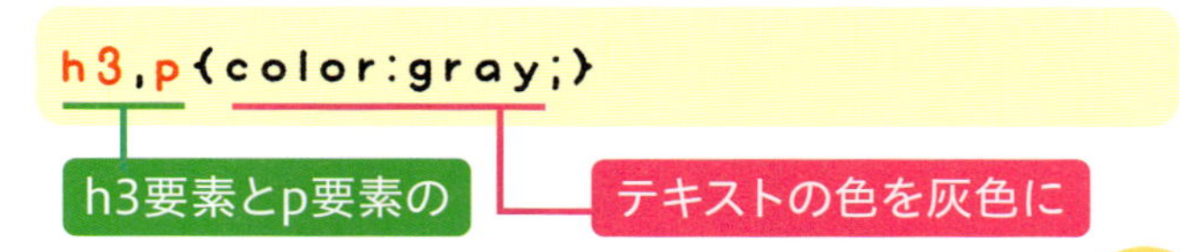

Lesson 03

テキストの色を指定しよう

テキストの色は、カラーコードや色名で指定できます。デザインのために色を付けることもあれば、目立たせたい箇所に色を付けることもあります。

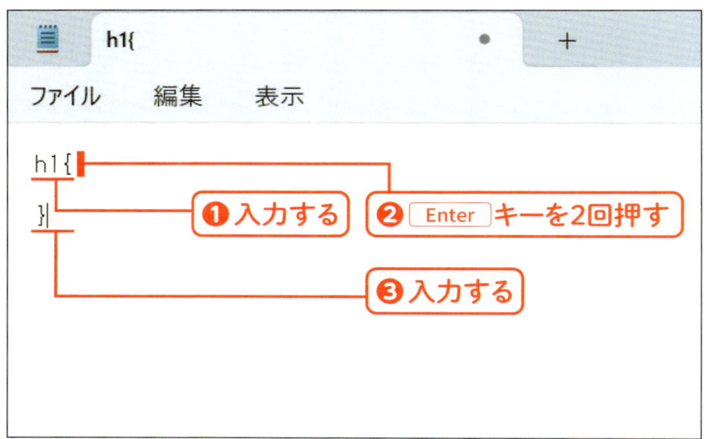

1 セレクタを入力する

P.28を参考にメモ帳を起動し、新規ファイルを作成します。**h1**に続けて**{**を入力し❶、Enter キーを2回押します❷。続けて**}**を入力します❸。

MEMO

Enter キーによる改行は必須ではありませんが、こうしておくとコードが見やすくなります。

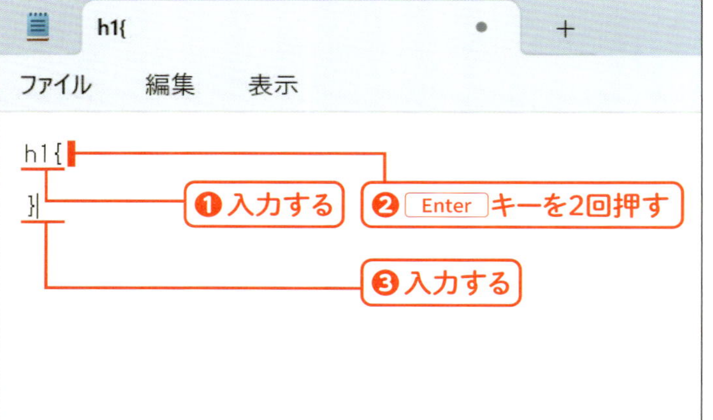

2 colorプロパティを入力する

h1{の下の行に、テキストの色を指定するための**color**と**:**（半角コロン）を入力します❶。

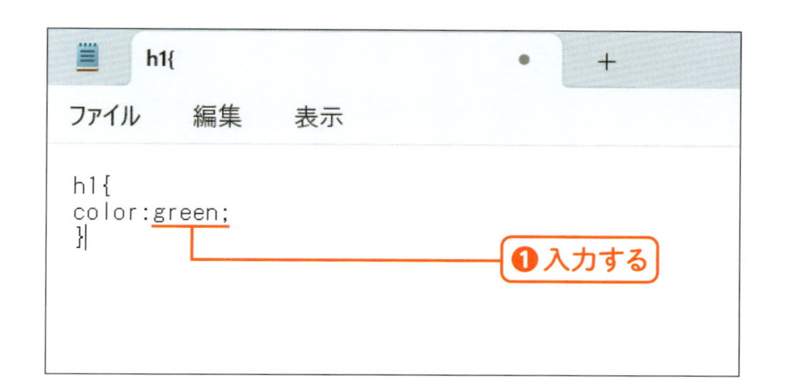

3 値を入力する

color:の直後に**green**と**;**（半角セミコロン）を入力します❶。ページで一番大きな見出しにあたるh1要素のテキストの色が緑色になります。

CHECK

CSSで色を指定する

● 色の表現方法

色の表現方法には、greenやredのように色の名前で表す方法とカラーコードで表す方法がありますが、カラーコードのほうが色名よりも多くの色を指定できます。カラーコードは、3桁もしくは6桁の16進数で指定します。数値は左からR（赤）、G（緑）、B（青）の順に並んでおり、3色の組み合わせによって色が決まります（光の三原色）。RGBによる色指定は、3色のスポットライトで1箇所を照らすイメージです。値が小さいとライトの光量が減り、値が大きいと光量が増えると考えてください。つまり、3色とも数値が低い（#000000）と表示される色は黒になり、数値が高い（#FFFFFF）と白になります。

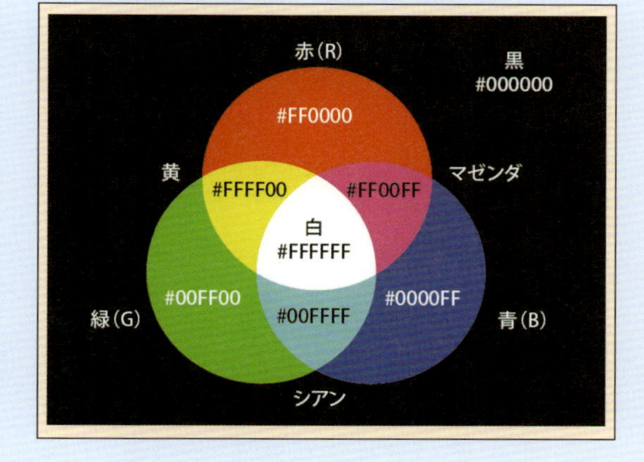

● 配色のときに気を付けたいポイント

テキストの色が背景の色になじみすぎていると、テキストが読みづらくなる可能性があります。テキストと背景の色に適度なコントラストを確保しましょう。「WebAIM: Contrast Checker」は、サイトにアクセスしてカラーピッカー機能を使うと簡単にコントラストをチェックできます。他にもいろいろなチェックツールがあるので、使いやすいものを探してみてください。

▶ WebAIM: Contrast Checker
（https://webaim.org/resources/contrastchecker/）

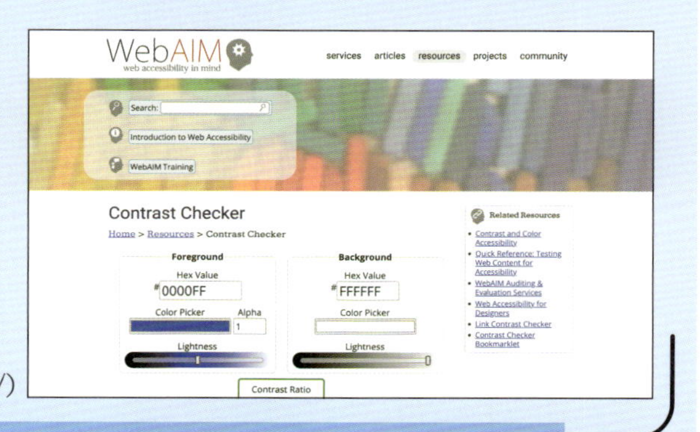

Lesson 04

テキストの大きさを指定しよう

テキストの大きさは文章の読みやすさに直結します。ただし、閲覧環境によっては指定したとおりに表示されるとは限りません。

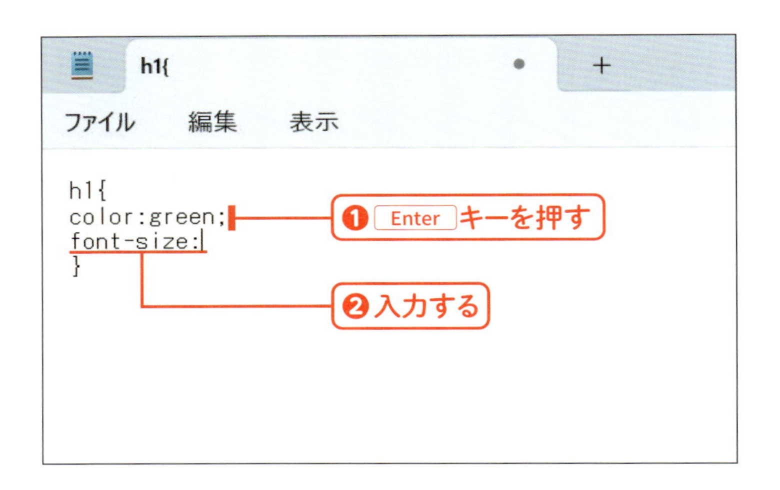

1 font-sizeプロパティを入力する

Enter キーを押し❶、テキストの大きさを指定するための**font-size**と**:**（半角コロン）を入力します❷。

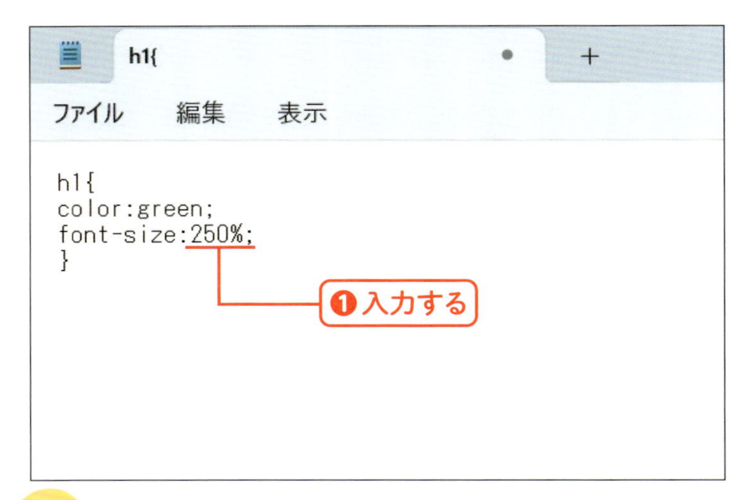

2 値を入力する

font-size:の直後に**250%**と**;**（半角セミコロン）を入力します❶。基本の文字サイズの250%、つまり2.5倍の大きさを指定したことになります。

CHECK

font-size プロパティ

CSSでテキストの大きさを指定するための値には、いくつかの単位が用意されています。それぞれの特徴を知って、最適な単位を用いるようにしましょう。

● px（ピクセル）

pxは、CSSの仕様書では「絶対的な単位」と表現されています。とはいえ、mmやcmと違ってユーザーの閲覧環境（画面解像度）に左右されるため、自分が見ているのとまったく同じ大きさをすべての環境で再現できるわけではありません。なお、多くのウェブブラウザではテキストの標準サイズが16px相当に初期設定されています。そのため、本文のテキストが14pxくらいで指定されていると「少し小さいな」という印象を与えることになるでしょう。注意書きなどには12pxや11pxを指定することもありますが、あまりにも小さいと読みづらくなってしまうので注意が必要です。

● %、em

テキストの大きさを相対的に指定するための単位です。**親要素のテキストの大きさ**を100%または1として、任意の割合を指定します。サンプルでは、親要素であるulのテキストが20pxなので、子要素のliは20pxを基準とした大きさで表示されます。もしul要素のテキストの大きさが変更されたら、それにともなってli要素のテキストの大きさも自動的に拡縮します。

▼HTMLコード

```
<ul>
<li class="fz1em">1em(=20px相当)</li>
<li class="fz15em">1.5em(=30px相当)</li>
<li class="fz200">200%(=40px相当)</li>
</ul>
```

▼CSSコード

```
ul{ font-size:20px; }
.fz1em{ font-size:1em; }
.fz15em{ font-size:1.5em; }
.fz200{ font-size:200% }
```

- 1em(=20px相当)
- 1.5em(=30px相当)
- 200%(=40px相当)

● rem

remはemと同じように、基準となるテキストの大きさを「1」として、相対的に指定するための単位です。emとの違いは、基準となるのが親要素ではなく**html要素（ルート要素）に指定されたテキストの大きさ**だということです。そのためrem単位を用いた場合には、親要素に指定されたスタイルの影響を受けません。サンプルでは、親要素であるulに対して20pxが指定されていますが、1remが指定されたli要素はそれを無視して16px（ウェブブラウザの初期設定）相当で表示されます。

▼HTMLコード

```
<ul>
<li class="fz1em">1em(=20px相当)</li>
<li class="fz1rem">1rem(=16px相当)</li>
</ul>
```

▼CSSコード

```
ul{ font-size:20px; }
.fz1em{ font-size:1em; }
.fz1rem{ font-size:1rem; }
```

- 1em(=20px相当)
- 1rem(=16px相当)

Lesson 05

CSSファイルを保存しよう

ここまでの指定を保存します。CSSファイルもHTMLファイルと同様、作業の途中でこまめに保存しましょう。

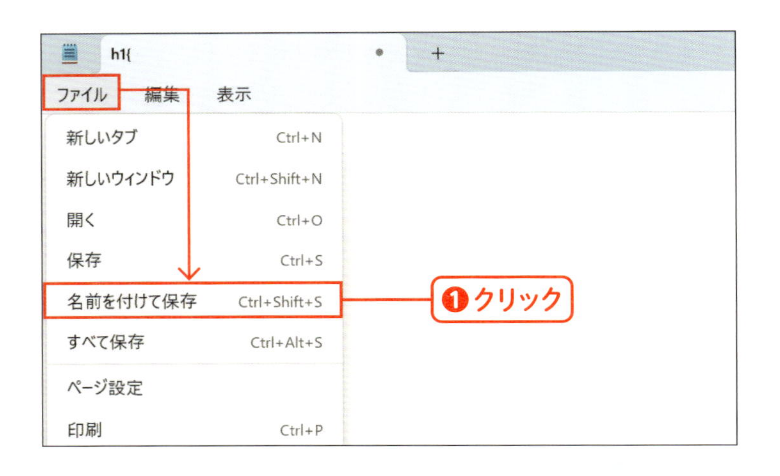

保存ダイアログを表示する

[ファイル] メニュー→[名前を付けて保存] の順にクリックします❶。

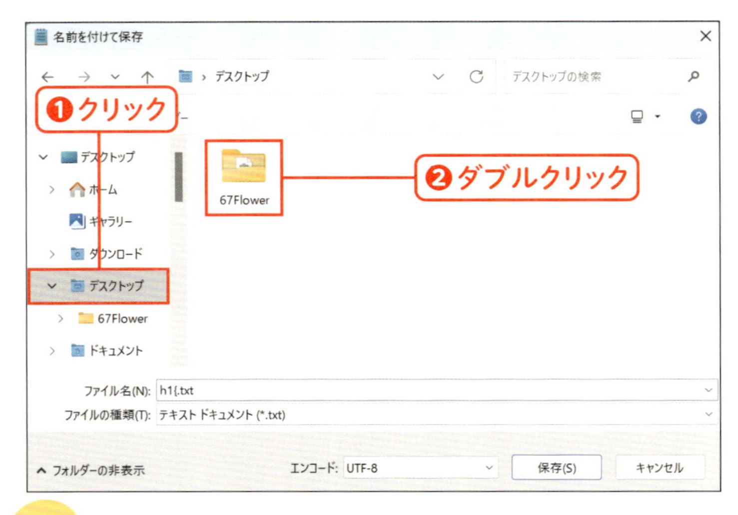

2 保存先フォルダーを指定する

CSSファイルを保存先のフォルダーを指定します。[名前を付けて保存] ダイアログボックスで [デスクトップ] をクリックします❶。[67Flower] フォルダーをダブルクリックします❷。

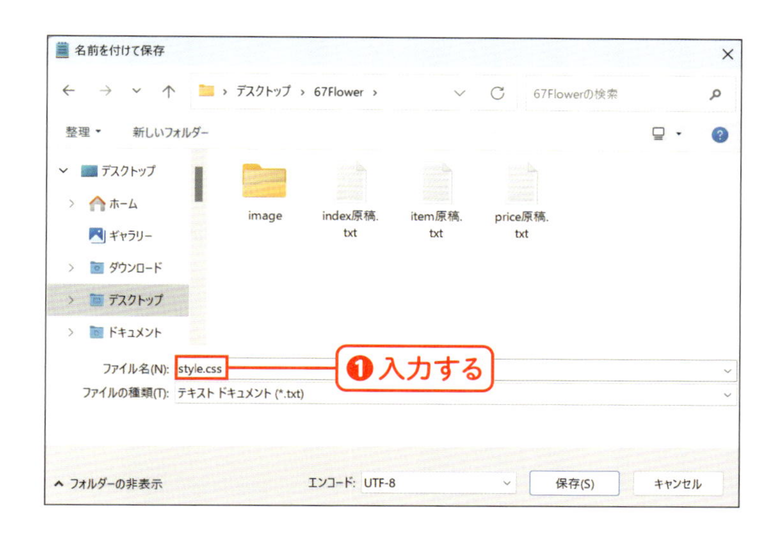

3 ファイル名を指定する

［ファイル名］（Macの場合は［名前］）に「style.css」というファイル名を半角英数字で入力します❶。

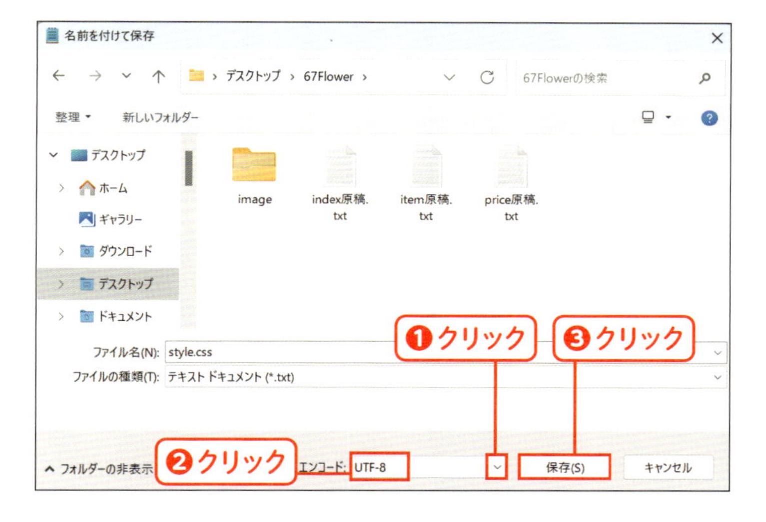

4 エンコードを変更して保存する

［エンコード］のプルダウンメニューをクリックし❶、「UTF-8」をクリックして❷、選択します。［保存］ボタンをクリックします❸ 。

MEMO

Macの場合は、［標準のテキストのエンコーディング］から［Unicode（UTF-8）］を選択します。

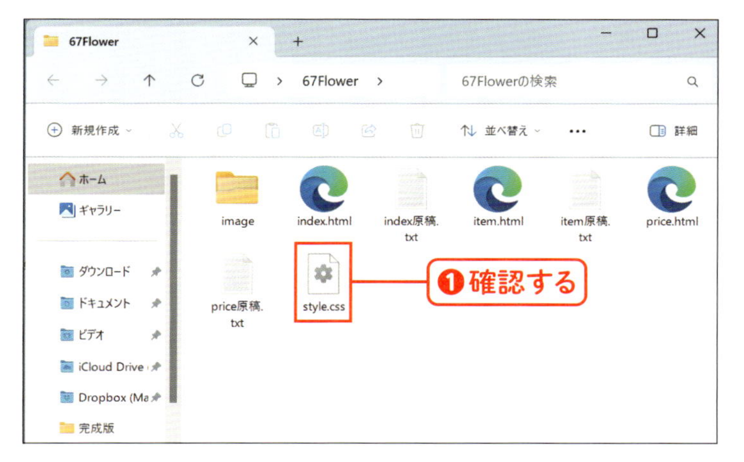

5 確認する

デスクトップの［67Flower］フォルダーをダブルクリックすると、フォルダーの内容が表示されます。style.cssができていることを確認します❶。

Lesson 06

HTMLにCSSを読み込もう

HTMLの<head>～</head>内にlink要素を追加し、読み込みたいCSSファイルを指定します。こうすることで、ウェブブラウザでHTMLファイルを開いたときにCSSの指定が反映されるようになります。

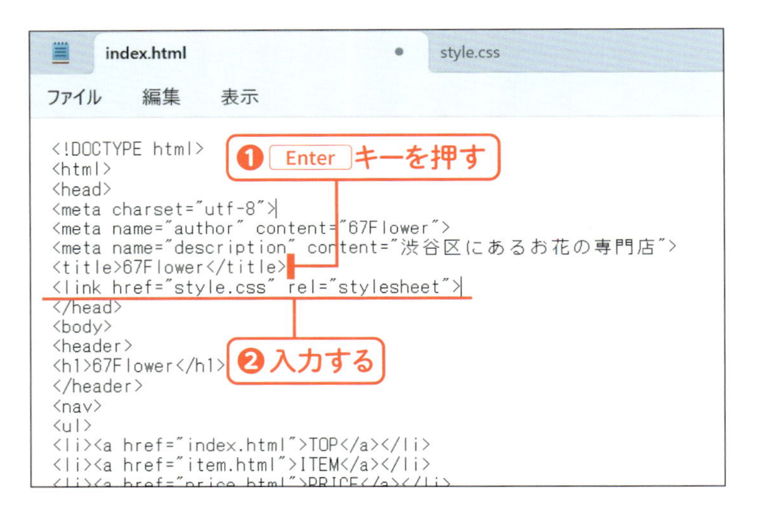

1 CSSファイルを読み込む

index.htmlをメモ帳(Macの場合はテキストエディット)で開きます。<title>67Flower</title>の直後で  キーを押して❶、**<link␣href="style.css"␣rel="stylesheet">**を入力します❷。

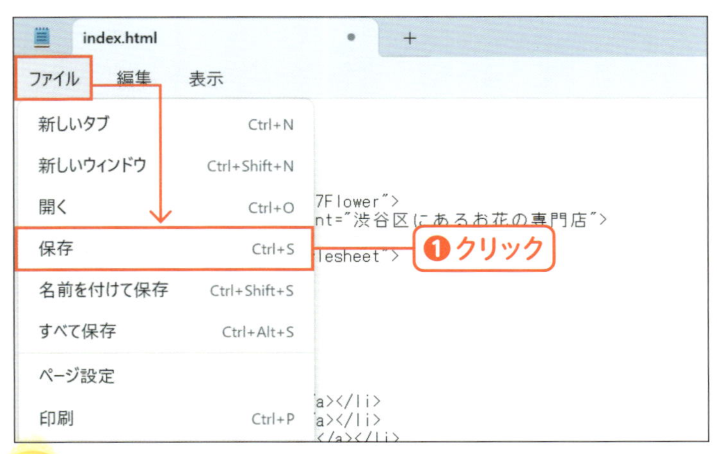

2 保存する

メモ帳の[ファイル]メニュー→[保存]の順にクリックして❶、ファイルを上書き保存します。

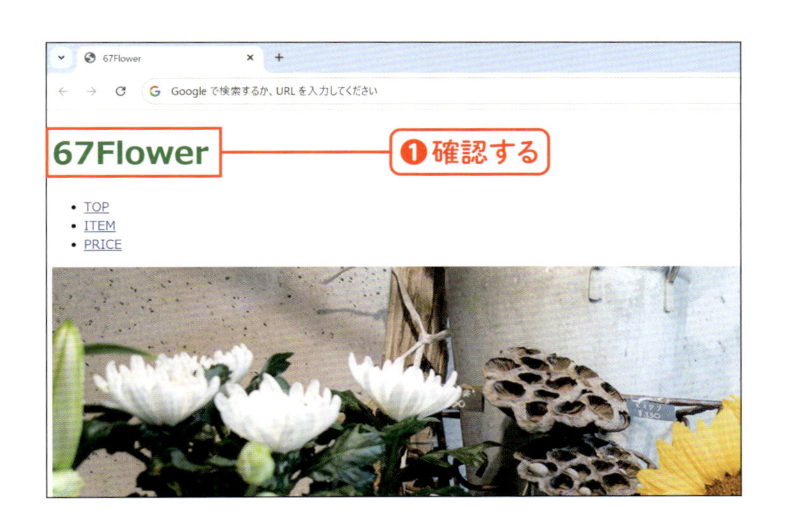

3 スタイルが反映された

P.42を参考にindex.htmlをGoogle Chromeで開きます。CSSで指定したテキストの色や大きさが反映されていることを確認します❶。

```
<!DOCTYPE html>
<html>
<head>
<meta charset="utf-8">
<meta name="author" content="67Flower">
<meta name="description" content="67Flowerの取扱い商品">
<title>ITEM | 67Flower</title>
<link href="style.css" rel="stylesheet">
</head>
<body>
<header>
<h1>67Flower</h1>
</header>
<nav>
<ul>
<li><a href="index.html">TOP</a></li>
<li><a href="item.html">ITEM</a></li>
<li><a href="price.html">PRICE</a></li>
</ul>
</nav>
<main>
```

❶入力する

4 item.htmlを編集する

item.htmlをメモ帳(Macの場合はテキストエディット)で開きます。手順❶を参考に、**<link␣href="style.css␣rel="stylesheet">**と入力し❶、link要素を追加します。[ファイル]メニュー→[保存]の順にクリックして、ファイルを上書き保存します。

```
<!DOCTYPE html>
<html>
<head>
<meta charset="utf-8">
<meta name="author" content="67Flower">
<meta name="description" content="67Flowerの商品価格表">
<title>PRICE | 67Flower</title>
<link href="style.css" rel="stylesheet">
</head>
<body>
<header>
<h1>67Flower</h1>
</header>
<nav>
<ul>
<li><a href="index.html">TOP</a></li>
<li><a href="item.html">ITEM</a></li>
<li><a href="price.html">PRICE</a></li>
</ul>
</nav>
<main>
```

❶入力する

5 price.htmlを編集する

price.htmlをメモ帳(Macの場合はテキストエディット)で開きます。item.htmlと同じ手順で**<link␣href="style.css"␣rel="stylesheet">**を入力します❶。[ファイル]メニュー→[保存]の順にクリックして、ファイルを上書き保存します。

Lesson 07 デザインに合わせてグループ化しよう

いくつかの要素をまとめてグループ化しておくと、個別の要素だけでなくグループ全体に対してスタイルを指定できます。

デザイン上のグループを探す

CSSによるレイアウト作業を始める前に、まずは完成図をよく見て、デザイン上のグループを探しましょう。同じ背景色で塗られている箇所、他と切り離されたように見えるエリアなどがあれば、それぞれ独立したグループと見なします。グループが見つかったら、グループごとにdivタグで囲みます。divタグは他のタグと異なり、それ自体で意味を与えることができません。**div＝複数の要素をグループ化するためのタグ**と覚えておいてください。

では「67Flower」のページの中でデザイン上のグループを探してみましょう。ヘッダとフッタは横幅いっぱいを使って表示されていますが、ページの中央部分は赤枠の中に収まっていますね。赤枠部分をグループ化してCSSで幅を固定したいので、divタグで囲みましょう。

グループ化する要素

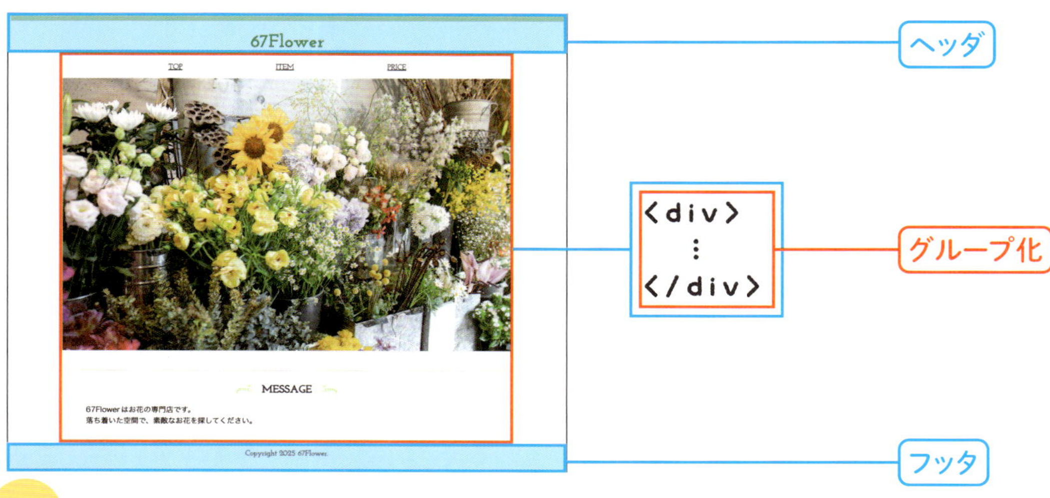

```
<!DOCTYPE html>
<html>
<head>
<meta charset="utf-8">
<meta name="author" content="67Flower">
<meta name="description" content="渋谷区にあるお花の専門店">
<title>67Flower</title>
<link href="style.css" rel="stylesheet">
</head>
<body>
<header>
<h1>67Flower</h1>
</header>
<div class="content">
<nav>
<ul>
<li><a href="index.html">TOP</a></li>
<li><a href="item.html">ITEM</a></li>
<li><a href="price.html">PRICE</a></li>
</ul>
</nav>
<main>
<p><img src="image/main.jpg" alt="店内写真"></p>
<section>
<h2>MESSAGE</h2>
```

❶ Enter キーを押す

❷ 入力する

1 <div␣class="content">を入力する

index.htmlファイルをメモ帳(Macの場合はテキストエディット)で開きます。</header>の直後をクリックして Enter キーを押し❶、**<div␣class="content">**を入力します❷。

MEMO

「content」はCSSコーディングの際にclassセレクタとして利用します(classセレクタについてはP.94参照)。

```
<li><a href="index.html">TOP</a></li>
<li><a href="item.html">ITEM</a></li>
<li><a href="price.html">PRICE</a></li>
</ul>
</nav>
<main>
<p><img src="image/main.jpg" alt="店内写真"></p>
<section>
<h2>MESSAGE</h2>

<p>67Flowerはお花の専門店です。<br>
落ち着いた空間で、素敵なお花を探してください。</p>
</section>
</main>
</div>
<footer>
<p>Copyright 2025 67Flower.</p>
</footer>
</body>
</html>
```

❶ Enter キーを押す

❷ 入力する

2 </div>を入力する

</main>の直後をクリックして Enter キーを押し❶、**</div>**を入力します❷。[ファイル]メニュー→[保存]の順にクリックして、ファイルを上書き保存しておきます。**item.htmlとprice.htmlも、同様にdivタグを追加します。**

CHECK

グループ化

「ヘッダ」や「フッタ」といった、HTMLの仕様書で役割が定義されているグループではなく、単純に「見た目」のグループをまとめたいときにはdivタグを使いましょう。グループごとに異なるデザインを適用したいときには、classまたはid属性でグループ名を付けます。

枠線が付いて、左に配置されるグループ

文字サイズが大きく、右に配置されるグループ

練習問題

問題1 次のA～Cそれぞれの呼び方を答えなさい。

```
h1{
color:green;
}
```

(h1 → A、color → B、green → C)

問題2 「今日はよい天気です。」のテキスト色をCSSで指定します。空欄D～Fを埋めなさい。

●HTMLコード

```
<p id="today"␣class="text">今日はよい天気です。</p>
```

●CSSコード

①タイプセレクタによる指定

```
[  D  ] {
color:blue;
}
```

②classセレクタによる指定

```
[  E  ] {
color:blue;
}
```

③idセレクタによる指定

```
[  F  ] {
color:blue;
}
```

▶解答はP.187

Chapter 6

CSSでレイアウトしよう

情報をより伝わりやすくするには、配置＝レイアウトが欠かせません。レイアウトすることで、情報と情報の関連性を視覚的に示したり、独立したコラムであることを強調したりといったことが可能になります。CSSが適用されない状態では、HTML要素の多くは基本的に縦方向に並んで表示されます。これを左右に並べて配置するには、ちょっとしたコツが必要です。本章では、一般的なウェブページでよく見かけるレイアウトパターンを実装するための方法を紹介します。

CSSでレイアウトしよう

完成イメージ

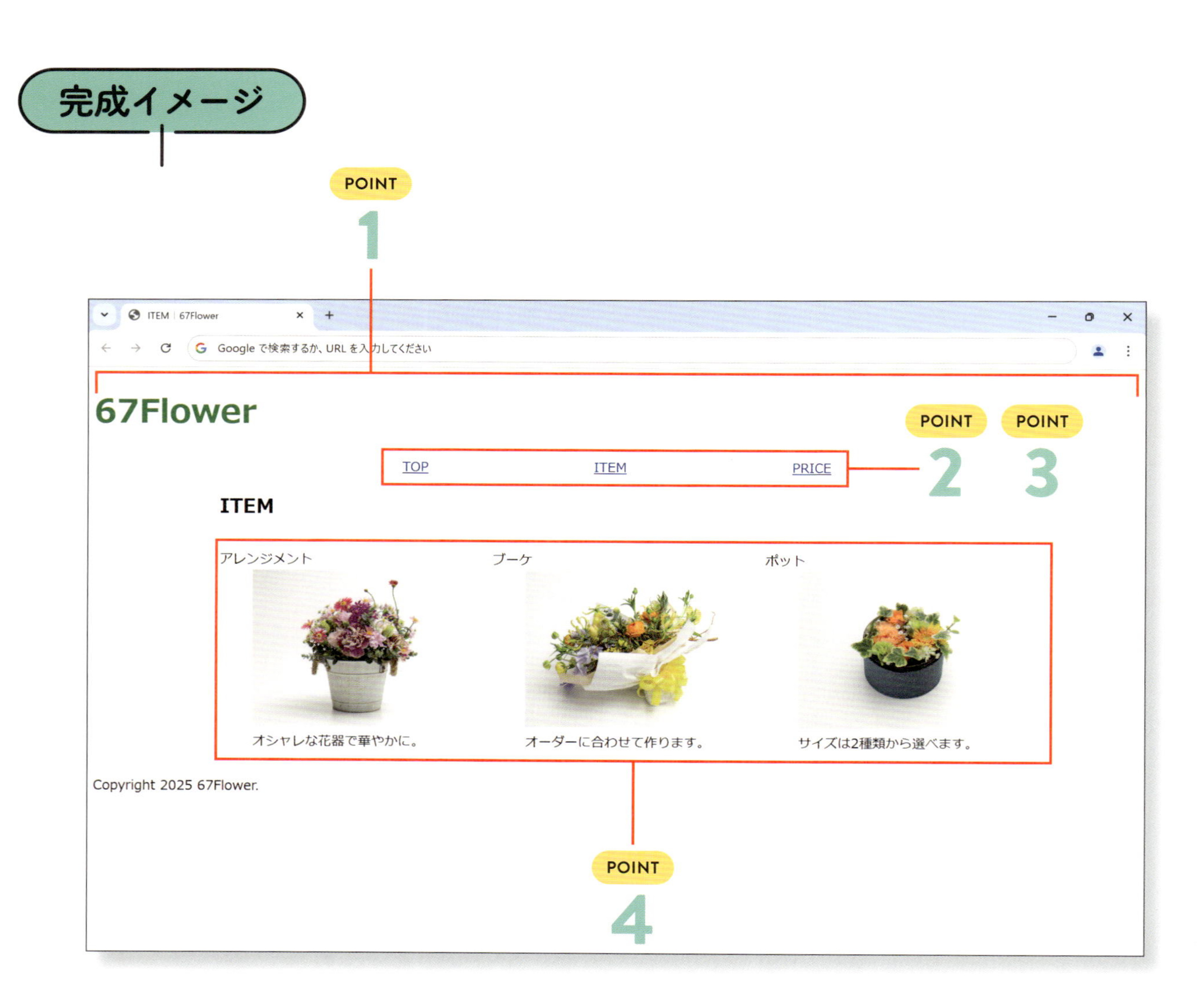

この章のポイント

POINT

1 ページ全体の配置

P.110

widthおよびmargin-rightやmargin-leftプロパティを使って、ページ全体を画面中央に配置する方法を学びます。

```
h1{
color:green;
font-size:250%;
}
.content{
width:960px;
margin-right:auto;
margin-left:auto;
}
img{
max-width:100%;
}
```

ページ全体の配置を指定する

POINT

2 箇条書きのデザインの設定

P.114

list-styleプロパティを使って、箇条書きのデザイン・レイアウトを設定する方法を学びます。

```
font-size:250%;
}
.content{
width:960px;
margin-right:auto;
margin-left:auto;
}
img{
max-width:100%;
}
li{
list-style:none;
}
```

箇条書きのデザインを指定する

POINT

3 箇条書き項目の配置

P.116

フレックスボックスを使って、箇条書きの項目を中央に配置する方法を学びます。

```
}
img{
max-width:100%;
}
li{
list-style:none;
}
ul{
display:flex;
justify-content:center;
gap:200px;
}
```

箇条書きの配置を指定する

POINT

4 横並びの配置

P.122

フレックスアイテムの幅を揃えたり、アイテム同士を等間隔で配置する方法を学びます。

```
ul{
display:flex;
justify-content:center;
gap:200px;
padding:0;
}
.item{
display:flex;
gap:30px;
}
dl{
flex:1;
}
```

横並びの配置を指定する

Lesson 01

幅を指定して中央に配置しよう

要素グループの中央配置は、多くのウェブサイトで見かけるレイアウトです。中央に配置する要素の幅をあらかじめ指定しておくのがポイントです。

ウェブページのレイアウト

ウェブページのレイアウトの中で、一般的なものを紹介します。PCやタブレットはマルチカラムレイアウト、スマートフォンはワンカラムレイアウトとの相性がよいとされています。

● マルチカラム

横に2分割または3分割するレイアウトです。情報を横に並べて配置することで、スクロールの手間を省くことができます。

● ワンカラム

情報を縦方向に配置するレイアウトです。情報量がさほど多くなく、写真やイラストを大きく扱いたい場合に適しています。

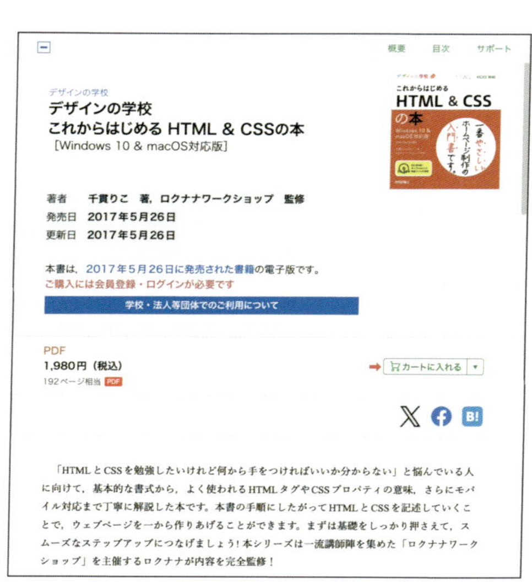

1 style.cssを開く

デスクトップの［67Flower］フォルダーの中の［style.css］ファイルを右クリックし❶、［メモ帳で編集］（Macの場合は［このアプリケーションで開く］→［テキストエディット.app］）をクリックします❷。

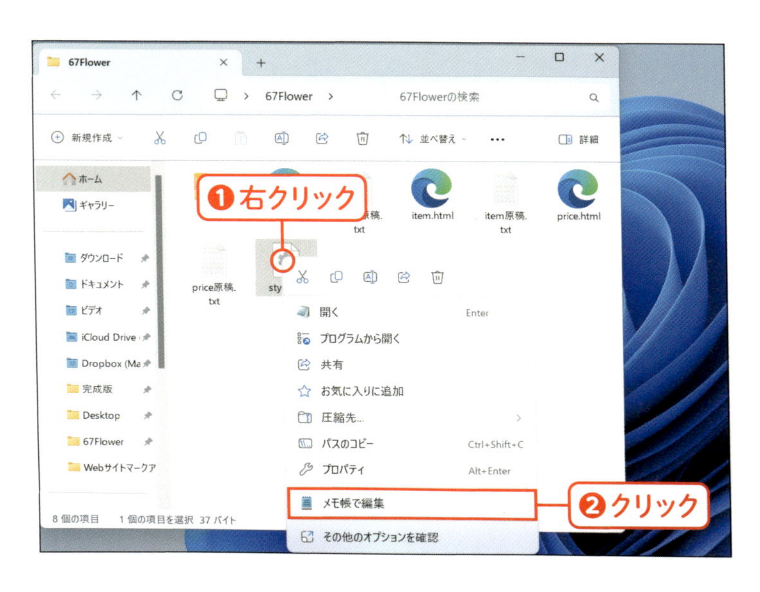

2 セレクタを入力する

P.105で作成したグループにスタイルを適用します。ファイルの最終行に「contentというclass名が付いた要素」を指すためのセレクタ **.content** と **{** を入力し❶、Enter キーを2回押します❷。続けて **}** を入力します❸。

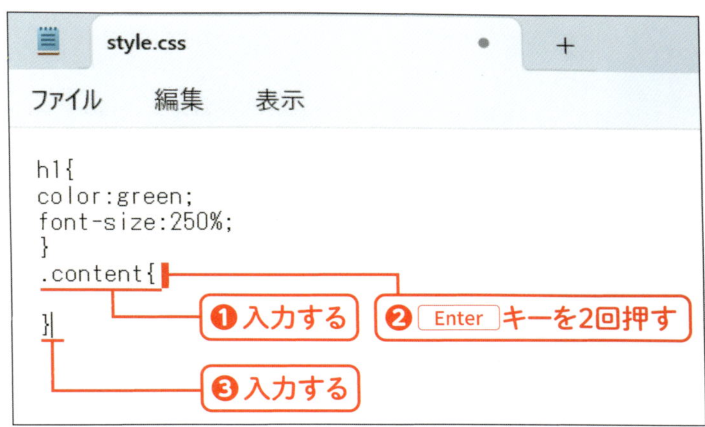

3 widthプロパティと値を入力する

.content{の下の行に **width:960px;** を入力します❶。widthは幅を指定するためのプロパティです。値として960pxを指定したので、.contentの幅が960pxになります。

```
style.css
ファイル　編集　表示

h1{
color:green;
font-size:250%;
}
.content{
width:960px;
}
```

❶入力する

> **MEMO**
> heightプロパティを使うと、要素の高さを指定できます。

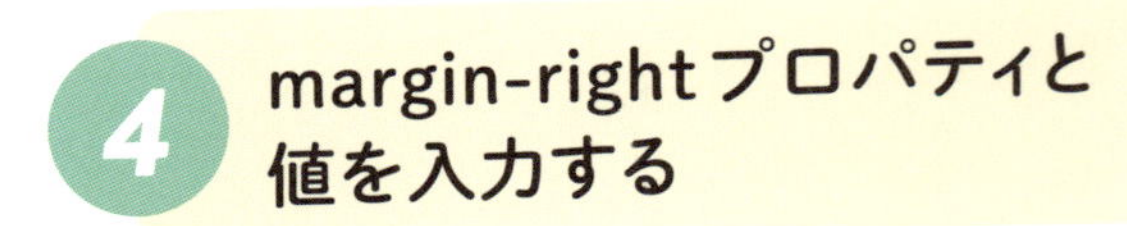

4 margin-right プロパティと値を入力する

Enter キーを押し❶、続けて**margin-right:auto;**を入力します❷。margin-rightは、要素の右側に余白を付けるためのプロパティです。値にautoを指定することで、ブラウザが自動的に最適な余白を付けてくれます。

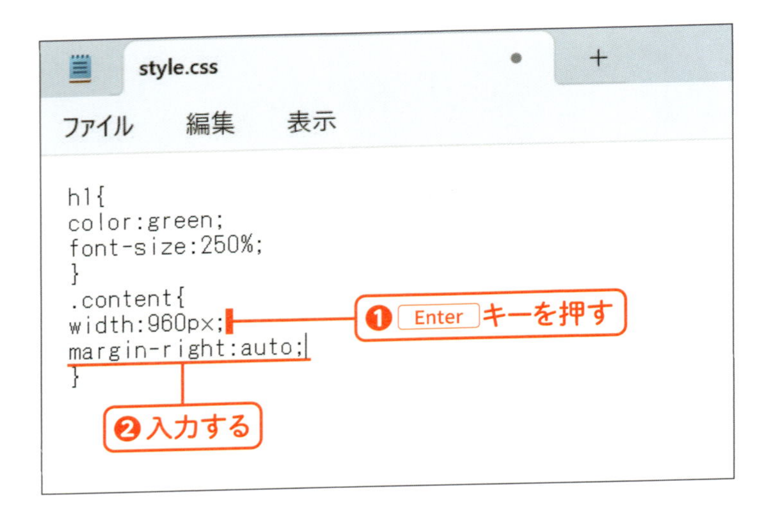

5 margin-left プロパティと値を入力する

Enter キーを押し❶、続けて**margin-left:auto;**を入力します❷。margin-leftは、要素の左側に余白を付けるためのプロパティです。この値をautoにすることで左右の余白がどちらも最適化され、結果的に.contentがウィンドウの中央に配置されます。

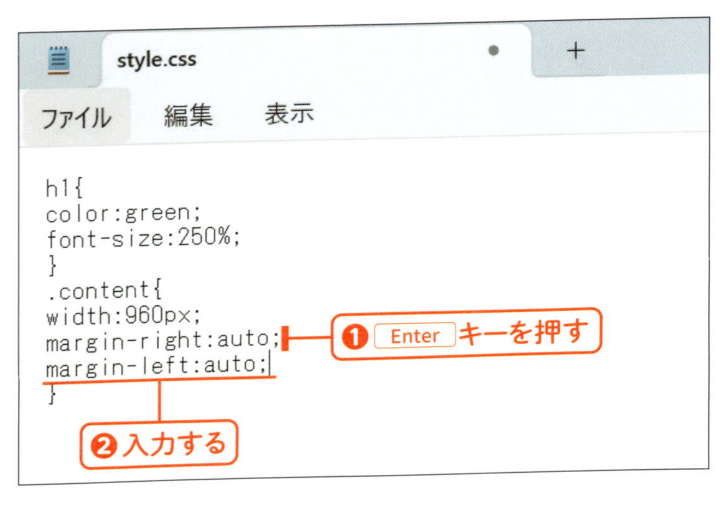

6 確認する

[ファイル] メニュー→[保存] の順にクリックしてファイルを上書き保存し、P.42を参考にindex.htmlをGoogle Chromeで開きます。画像が大きすぎて右側にはみ出してしまっていますが、このあと調整していきます。

```
h1{
color:green;
font-size:250%;
}
.content{
width:960px;
margin-right:auto;
margin-left:auto;
}
img{

}
```

❶入力する
❷ Enter キーを2回押す
❸入力する

7 セレクタを入力する

画像のはみ出しを調整しましょう。画像＝img要素に対してスタイルを追加したいので、CSSの最終行に**img{**を入力し❶、Enter キーを2回押します❷。続けて**}**を入力します❸。

```
h1{
color:green;
font-size:250%;
}
.content{
width:960px;
margin-right:auto;
margin-left:auto;
}
img{
max-width:100%;
}
```

❶入力する

8 max-widthプロパティと値を入力する

img{の下の行に**max-width:100%;**を入力します❶。max-widthは、要素の最大幅を指定するためのプロパティです。パーセント値を指定した場合は「画像の親要素の幅」に対する割合で最大幅が決まるため、**100%以下にしておけばページの幅より大きく表示されるのを防ぐことができます**。

9 確認する

［ファイル］メニュー→［保存］の順にクリックしてファイルを上書き保存し、Google Chromeの更新ボタンをクリックします。画像のはみ出しが解消されました。

Lesson 02 箇条書きの記号を非表示にしよう

箇条書きの各項目の先頭には、初期状態では黒い丸印（ビュレット）が表示されています。この記号の形状を変更したり、記号そのものを非表示にすることが可能です。

```
h1{
color:green;
font-size:250%;
}
.content{
width:960px;
margin-right:auto;
margin-left:auto;
}
img{
max-width:100%;
}
li{
}
```

❶入力する　❷ Enter キーを2回押す　❸入力する

1 セレクタを入力する

ナビゲーションメニューの先頭に付いている丸印（ビュレット）を非表示にします。CSSの最終行にli要素を指すための**li{**を入力し❶、Enter キーを2回押します❷。続けて**}**を入力します❸。

```
h1{
color:green;
font-size:250%;
}
.content{
width:960px;
margin-right:auto;
margin-left:auto;
}
img{
max-width:100%;
}
li{
list-style:none;
}
```

❶入力する

2 list-styleプロパティと値を入力する

li{の下の行に**list-style:none;**を入力します❶。list-styleは、箇条書きの項目の先頭に付く記号を指定するためのプロパティです。値にnoneを指定することで、記号が非表示になります。

3 確認する

［ファイル］メニュー→［保存］の順にクリックしてファイルを上書き保存し、Google Chromeの更新ボタンをクリックします。ビュレットが消えていることを確認できます。

CHECK

list-style プロパティ

list-style プロパティの値にはいくつかの種類があります。箇条書きの項目の先頭に付く記号をCSSで指定することにより、HTML文書の中にテキストとして記号を記述する必要がなくなります。特に連番は（HTML文書に書き込むのではなく）CSSで指定しておくことで、項目の順序を入れ替えたり、項目を削除した際にも、自動的に番号が振り直されるため効率的にページを管理できます。

値	意味
none	ビュレットなし
disc	黒い丸（ul liの初期値）
circle	白い丸
square	黒い四角
decimal	数字（ol liの初期値）
lower-roman	ローマ数字（小文字）
upper-roman	ローマ数字（大文字）
lower-alpha	アルファベット（小文字）
upper-alpha	アルファベット（大文字）
hiragana	ひらがな
katakana	カタカナ

- disc1
- disc2
- disc3

◦ circle1
◦ circle2
◦ circle3

▪ square1
▪ square2
▪ square3

1. decimal1
2. decimal2
3. decimal3

i. lower-roman1
ii. lower-roman2
iii. lower-roman3

I. upper-roman1
II. upper-roman2
III. upper-roman3

a. lower-alpha1
b. lower-alpha2
c. lower-alpha3

A. upper-alpha1
B. upper-alpha2
C. upper-alpha3

あ、hiragana1
い、hiragana2
う、hiragana3

ア、katakana1
イ、katakana2
ウ、katakana3

Lesson 03
箇条書きの項目を横並びにしよう

フレックスボックスを使って、ナビゲーションメニューの3項目を縦並びから横並びの配置に変更しましょう。

フレックスボックス

「フレックスボックス」と呼ばれるレイアウト方法を使うと、自由度の高い配置が可能になります。まずはフレックスボックスを利用するための基本を覚えましょう。

● 基本①「コンテナー」と「アイテム」

フレックスボックスでは、配置したい要素を「フレックスアイテム」（以後、アイテム）、アイテムの親要素を「フレックスコンテナー」（以後、コンテナー）と呼びます。親要素とは、「任意の要素を含む要素」のことです。たとえば、li要素の親要素はul要素です。ul要素をコンテナーとして定義すると、li要素は自動的にアイテムとしてふるまうようになります。

ul＝フレックスコンテナー

```
<ul>
<li>    ①    </li>
<li>    ②    </li>
<li>    ③    </li>
<li>    ④    </li>
</ul>
```

li＝フレックスアイテム

● 基本②「主軸」と「交差軸」

アイテムは、コンテナーに設定されている主軸と交差軸に沿って配置されます。初期設定では、主軸は左から右、交差軸は上から下に向けて走っているので、特別な指定が無ければアイテムは左から右に向かって並びます。もし右のスペースが無くなったら、次のアイテムは交差軸にしたがって下方向に配置されます。

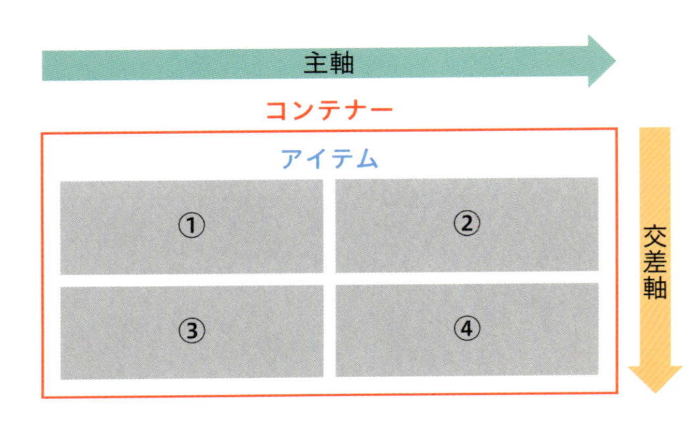

1 セレクタを入力する

ul要素をフレックスコンテナーにしたいので、CSSの最終行に**ul{**を入力し❶、Enter キーを2回押します❷。続けて**}**を入力します❸。

```
}
.content{
width:960px;
margin-right:auto;
margin-left:auto;
}
img{
max-width:100%;
}
li{
list-style:none;
}
ul{

}
```

❶入力する
❷ Enter キーを2回押す
❸入力する

2 displayプロパティと値を入力する

ul{の下の行に**display:flex;**を入力します❶。これによって、ul要素が「フレックスコンテナー」、ulの子要素であるli要素が「フレックスアイテム」として定義されます。

```
}
.content{
width:960px;
margin-right:auto;
margin-left:auto;
}
img{
max-width:100%;
}
li{
list-style:none;
}
ul{
display:flex;
}
```

❶入力する

3 justify-contentプロパティを入力する

display:flex;の直後で Enter キーを押し❶、主軸上のどこに配置するか（基点）を指定するための**justify-content**と**:**（半角コロン）を入力します❷。

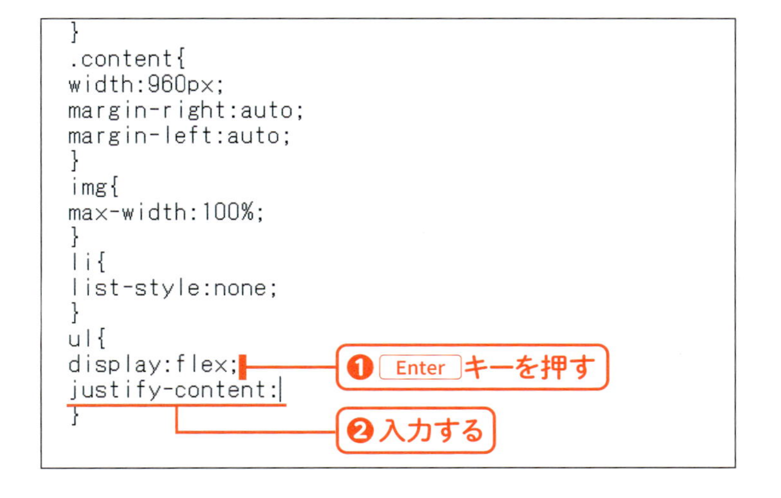

```
}
.content{
width:960px;
margin-right:auto;
margin-left:auto;
}
img{
max-width:100%;
}
li{
list-style:none;
}
ul{
display:flex;
justify-content:center;
}
```

❶入力する

4 値を入力する

justify-content:の直後に**center**と**;**（半角セミコロン）を入力します❶。左から右に向かっている**主軸の中央**を基点としてアイテムが配置されます。

5 保存する

メモ帳の［ファイル］メニュー→［保存］の順にクリックして❶、ファイルを上書き保存します。

6 スタイルが反映された

P.42を参考にindex.htmlをGoogle Chromeで開きます。3つのアイテムたちがコンテナーの中央に横並びで配置されていることを確認できます。

7 gapプロパティを入力する

justify-content:center;の直後で Enter キーを押し❶、アイテム間のスペースを指定するための**gap**と**:**(半角コロン)を入力します❷。

```
width:960px;
margin-right:auto;
margin-left:auto;
}
img{
max-width:100%;
}
li{
list-style:none;
}
ul{
display:flex;
justify-content:center;
gap:
}
```

❶ Enter キーを押す
❷ 入力する

8 値を入力する

gap:の直後に**200px**と**;**(半角セミコロン)を入力します❶。

```
width:960px;
margin-right:auto;
margin-left:auto;
}
img{
max-width:100%;
}
li{
list-style:none;
}
ul{
display:flex;
justify-content:center;
gap:200px;
}
```

❶ 入力する

9 スタイルが反映された

[ファイル]メニュー→[保存]の順にクリックしてファイルを上書き保存し、Google Chromeの更新ボタンをクリックします。アイテムとアイテムの間に200px分のスペースが空いているのを確認できます。

ただし、よく見ると全体が少し右に寄って見えます。次ページで正しい場所に配置し直しましょう。

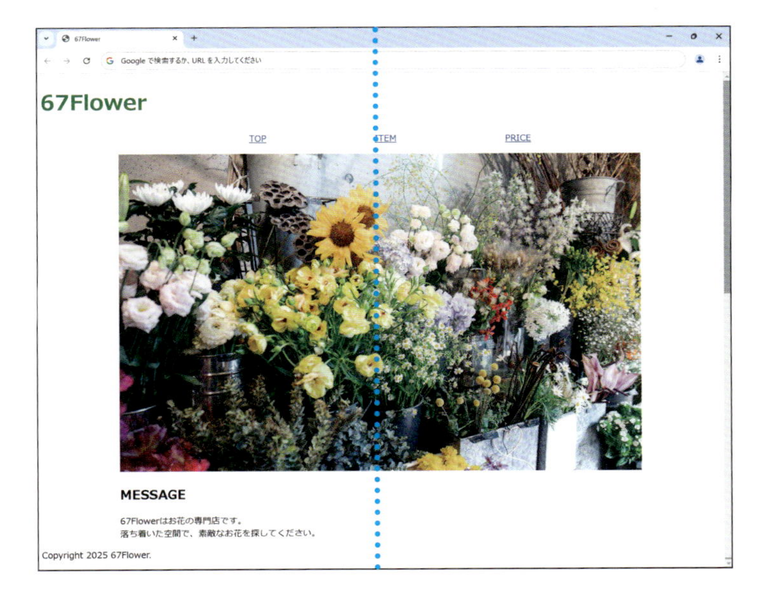

```
}
img{
max-width:100%;
}
li{
list-style:none;
}
ul{
display:flex;
justify-content:center;
gap:200px;
padding:
}
```

❶ Enter キーを押す

❷ 入力する

10 paddingプロパティを入力する

gap:200px;の直後で Enter キーを押し❶、続けて**padding**と**:**（半角コロン）を入力します❷。paddingは、要素の上下左右に余白を付けるためのプロパティです。

```
.content{
width:960px;
margin-right:auto;
margin-left:auto;
}
img{
max-width:100%;
}
li{
list-style:none;
}
ul{
display:flex;
justify-content:center;
gap:200px;
padding:0;
}
```

❶ 入力する

11 値を入力する

padding:の直後に**0**と**;**（半角セミコロン）を入力します❶。

> **MEMO**
>
> 多くのウェブブラウザでは、ul要素の左側にあらかじめ余白を設定しています。このせいでナビゲーションが右に寄っていたので、余白を0にしました。

12 確認する

［ファイル］メニュー→［保存］の順にクリックしてファイルを上書き保存し、Google Chromeの更新ボタンをクリックします。ナビゲーション部分がページの中央に正しく配置されました。

> **MEMO**
>
> ウェブブラウザに初期設定されたスタイルをデフォルトスタイルと呼びます。デフォルトスタイルについてはP.135を参照してください。

CHECK

フレックスボックスで使えるプロパティ

フレックスボックスでは、いろいろなプロパティを組み合わせて思いどおりのレイアウトを実現できます。コンテナーの要素に対して指定できるプロパティ、アイテムの要素に対して有効なプロパティがそれぞれ用意されています。

● コンテナー用のプロパティ

	プロパティ	用途	値
A	flex-direction	主軸の向きを変更する	row-reverse（右→左）、column（上→下）など
B	justify-content	主軸に沿った位置合わせ	center（中央揃え）、space-between（両端揃え）など
C	align-items	交差軸に沿った位置合わせ	center（中央揃え）、flex-start（上端揃え）など
D	gap	アイテム間のスペース	数値　単位はpx、%、emなど

A

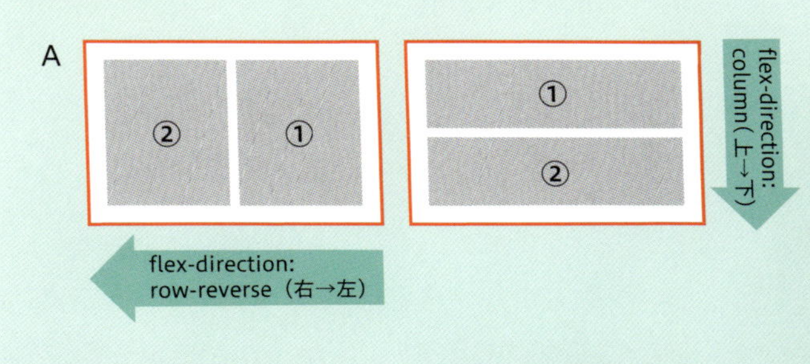

B

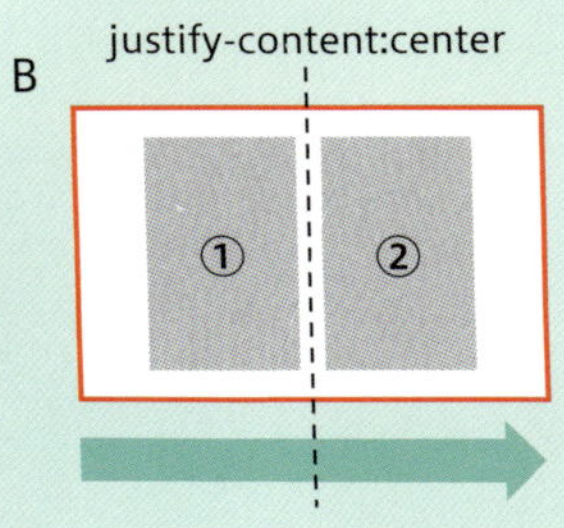

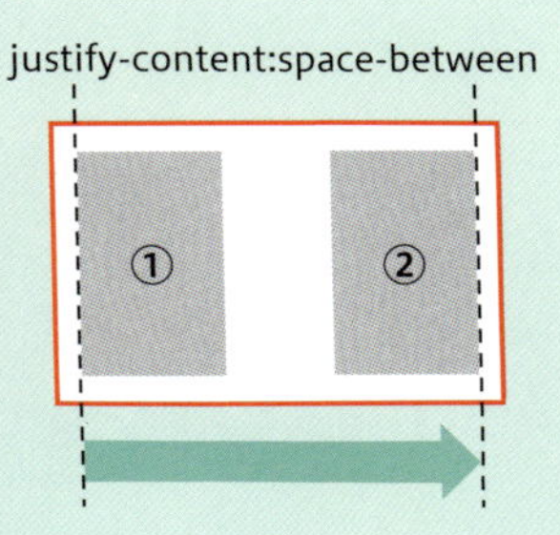

C

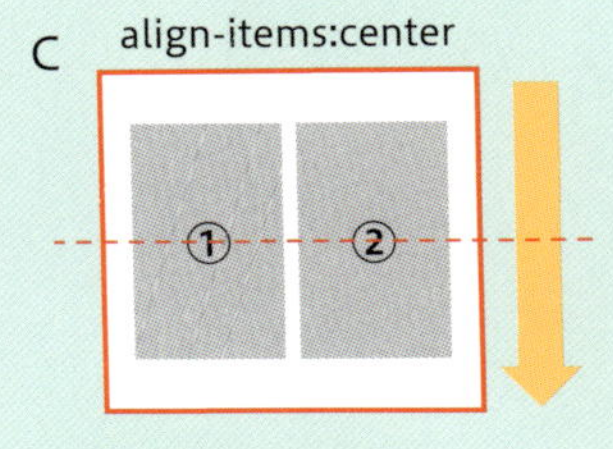

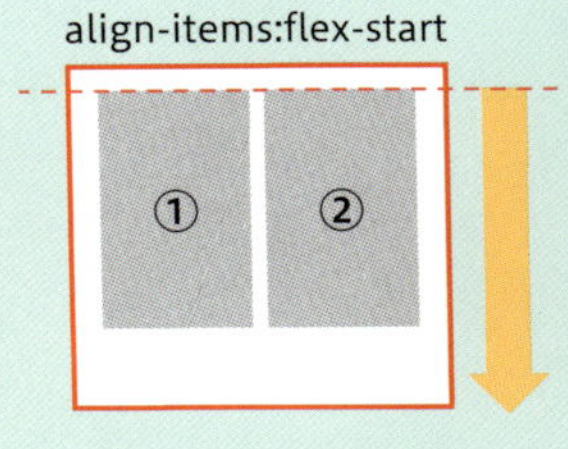

D

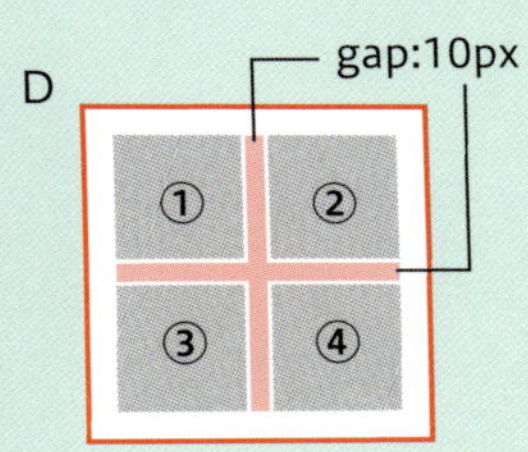

● アイテム用のプロパティ

	プロパティ	用途	値
E	flex	各アイテムの大きさの比率※	数字
F	order	アイテムの順序	数字

※アイテムの大きさの合計が、コンテナーの大きさより小さい場合

E

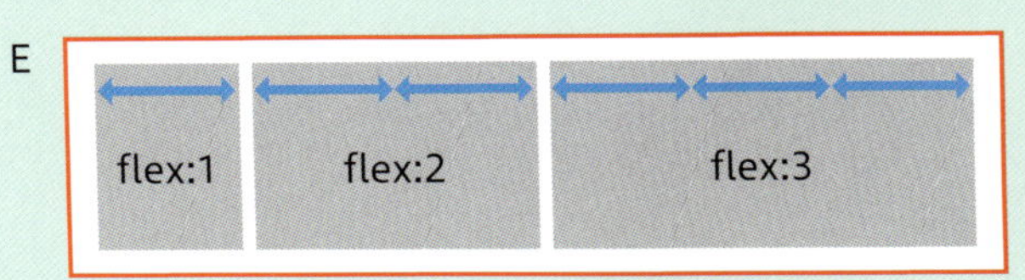

▲アイテムの幅の比率を1：2：3にする

F

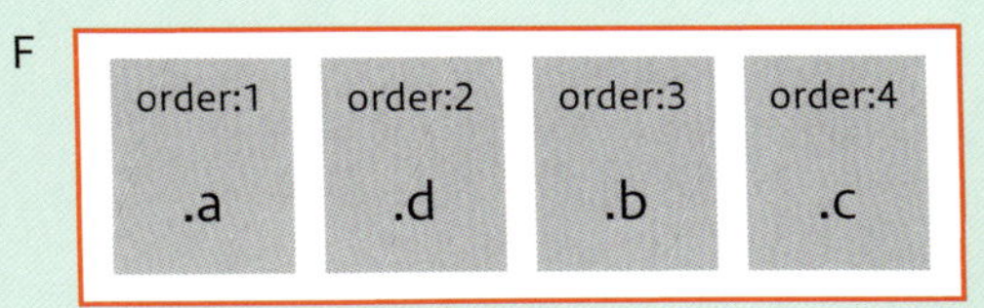

▲アイテムの順序を.a→.b→.c→.dから.a→.d→.b→.cに変更する

Lesson 04

商品情報を見やすくしよう

フレックスボックスを使って、商品情報を横並びにします。スクロールしなくても全ての商品情報を一覧できるようになります。

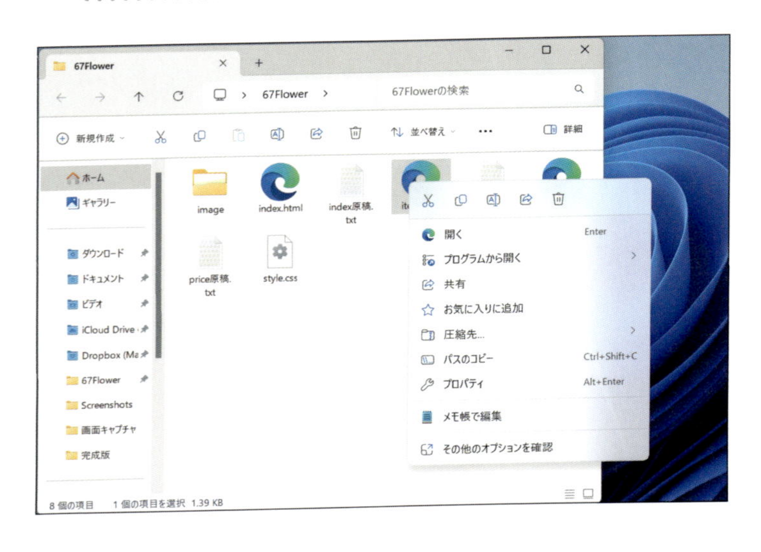

1 item.htmlを編集する

フレックスボックスに必要なコンテナーを用意するため、P.71を参考にitem.htmlをメモ帳（Macの場合はテキストエディット）で開きます。

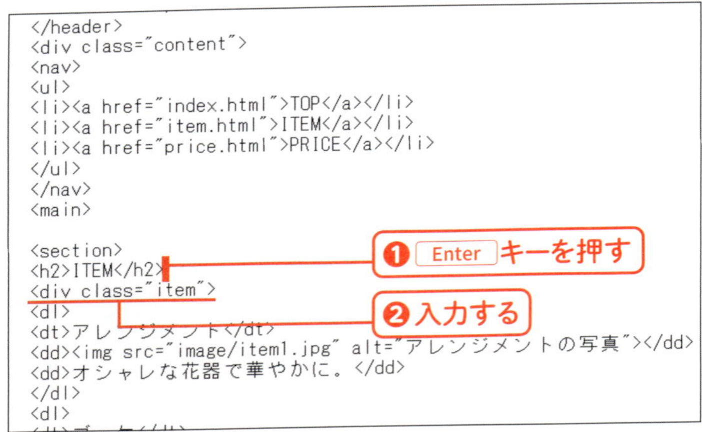

```
</header>
<div class="content">
<nav>
<ul>
<li><a href="index.html">TOP</a></li>
<li><a href="item.html">ITEM</a></li>
<li><a href="price.html">PRICE</a></li>
</ul>
</nav>
<main>

<section>
<h2>ITEM</h2>
<div class="item">
<dl>
<dt>アレンジメント</dt>
<dd><img src="image/item1.jpg" alt="アレンジメントの写真"></dd>
<dd>オシャレな花器で華やかに。</dd>
</dl>
<dl>
```


2 <div␣class="item">を入力する

<h2>ITEM</h2>の直後をクリックして Enter キーを押し❶、**<div␣class="item">**を入力します❷。

MEMO

ここでは「item」という名前を付けていますが、オリジナルのページを作る際には他の名前でかまいません。

```
<dl>
<dt>アレンジメント</dt>
<dd><img src="image/item1.jpg" alt="アレンジメントの写真"></dd>
<dd>オシャレな花器で華やかに。</dd>
</dl>
<dl>
<dt>ブーケ</dt>
<dd><img src="image/item2.jpg" alt="ブーケの写真"></dd>
<dd>オーダーに合わせて作ります。</dd>
</dl>
<dl>
<dt>ポット</dt>
<dd><img src="image/item3.jpg" alt="ポットの写真"></dd>
<dd>サイズは2種類から選べま
</dl>
</div>
</section>
</main>
</div>
<footer>
<p>Copyright 2025 67Flower.</p>
</footer>
```

❶ Enter キーを押す
❷ 入力する

3 </div>を入力する

3つめの</dl>の直後をクリックして Enter キーを押し❶、**</div>**を入力します❷。これで、**3つのdl要素を含むdiv要素**を作ることができました。[ファイル]メニュー→[保存]の順にクリックして、ファイルを上書き保存しておきます。

```
margin-right:auto;
margin-left:auto;
}
img{
max-width:100%;
}
li{
list-style:none;
}
ul{
display:flex;
justify-content:center;
gap:200px;
padding:0;
}
.item{

}
```

❶ 入力する
❷ Enter キーを2回押す
❸ 入力する

4 セレクタを入力する

style.cssに切り替えて、CSSの最終行に「itemというclass名が付いた要素」を指すためのセレクタ**.item**と **{** を入力し❶、Enter キーを2回押します❷。続けて**}**を入力します❸。

```
margin-right:auto;
margin-left:auto;
}
img{
max-width:100%;
}
li{
list-style:none;
}
ul{
display:flex;
justify-content:center;
gap:200px;
padding:0;
}
.item{
display:flex;
}
```

❶ 入力する

5 displayプロパティと値を入力する

.item{の下の行に**display:flex;**を入力します❶。

これにより、.itemが「フレックスコンテナー」、その子要素である3つのdl要素が「フレックスアイテム」として定義されます。

```
img{
max-width:100%;
}
li{
list-style:none;
}
ul{
display:flex;
justify-content:center;
gap:200px;
padding:0;
}
.item{
display:flex;
gap:30px;
}
```

❶ Enter キーを押す

❷ 入力する

6 gapプロパティと値を入力する

display:flex;の直後で Enter キーを押し❶、**gap:30px;**を入力します❷。入力後、[ファイル]メニュー→[保存]の順にクリックして、style.cssを上書き保存します。

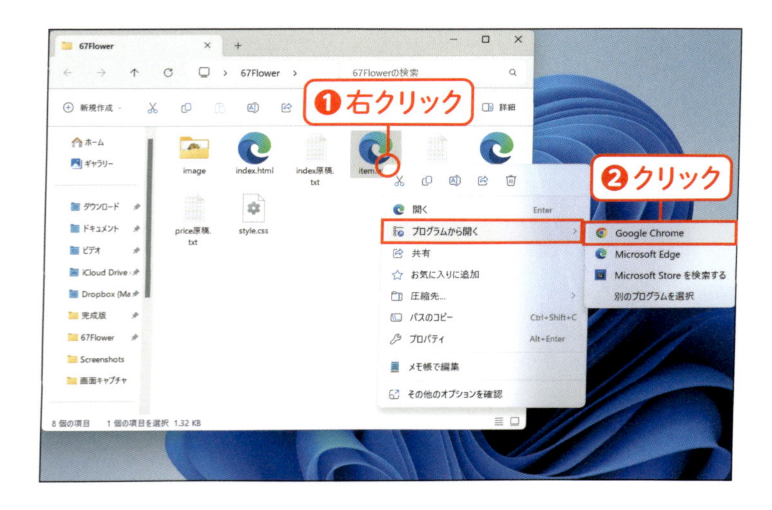

7 item.htmlを開く

デスクトップの[67Flower]フォルダーの中のitem.htmlを右クリックし❶、[プログラムから開く]→[Google Chrome]の順にクリックして❷、Google Chromeでitem.htmlを開きます。Macの場合は、[このアプリケーションで開く]→[Google Chrome.app]の順にクリックします。

8 スタイルが反映された

3つのdl要素が横並びになったうえで、それぞれの間に30px分のスペースが空いているのを確認できます。ただし、dl要素の幅が異なるため、バラついた印象です。

MEMO

画像が表示されない場合は、P.88の問題3を確認し、正しくパスを設定してください。

```
}
ul{
display:flex;
justify-content:center;
gap:200px;
padding:0;
}
.item{
display:flex;
gap:30px;
}
dl{

}
```

❶入力する　❷ Enter キーを2回押す　❸入力する

9 セレクタを入力する

dl要素の幅を揃えます。CSSの最終行に**dl{**を入力し❶、Enter キーを2回押します❷。続けて**}**を入力します❸。

```
}
ul{
display:flex;
justify-content:center;
gap:200px;
padding:0;
}
.item{
display:flex;
gap:30px;
}
dl{
flex:1;
}
```

❶入力する

10 flexプロパティと値を入力する

dl{の下の行に**flex:1;**を入力します❶。これにより、3つのdl要素の幅が「1:1:1」の比率で表示されます。

MEMO

flexは、簡単に言えば「フレックスアイテムの寸法」を指定するためのプロパティです。寸法の算出方法をこまかく定義することも可能なのですが、ひとまずはシンプルに「数値1つでアイテム幅の比率を指定できる」と覚えておきましょう。

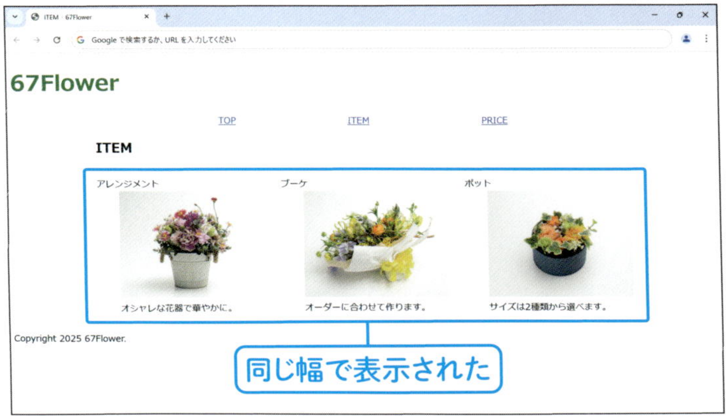

67Flower

TOP　ITEM　PRICE

ITEM

アレンジメント　ブーケ　ポット

オシャレな花器で華やかに。　オーダーに合わせて作ります。　サイズは2種類から選べます。

Copyright 2025 67Flower.

同じ幅で表示された

11 確認する

[ファイル]メニュー→[保存]の順にクリックしてファイルを上書き保存し、Google Chromeの更新ボタンをクリックします。3つのdl要素が同じ幅で表示されているのを確認できます。

練習問題

問題1 以下のHTMLコードをウェブブラウザで開いたときに以下の右のように表示されるようなCSSコードを答えなさい。

```
<ul>
<li>項目1</li>
<li>項目2</li>
<li>項目3</li>
</ul>
```

Document

Google で検索するか、URL を入力してください

I. 項目1
II. 項目2
III. 項目3

問題2 次の空欄A～Dにあてはまる語句を答えなさい。

display: [A];が適用された要素はフレックス[B]としてふるまい、その子要素は[B]の[C]と[D]に沿って配置される。

問題3 以下のHTMLコードを見て、EとFに該当する要素を答えなさい。

```
<body>
<h1>よく利用するウェブサイト</h1>
<ul>
<li><a href="https://www.google.com/">Google</a></li>
<li>X</li>
<li>YouTube</li>
</ul>
</body>
```

E a要素の親要素

F ul要素の子要素

▶解答はP.187

Chapter 7

テキストをデザインしよう

ウェブページで発信される情報のほとんどは、テキストと画像（写真やイラスト）で占められています。画像なら目にした瞬間に大きなインパクトを与えることができますが、テキストは読みやすさを確保しないことには目を通してもらえない可能性があります。文字の大きさや行間、行内の配置などを工夫することで「読みやすいテキスト」を実現しましょう。本章では、テキストにまつわるスタイルの指定方法や、テキストでデザイン的なアクセントを表現できるウェブフォント（書体）サービスの利用方法を学んでいきます。

テキストをデザインしよう

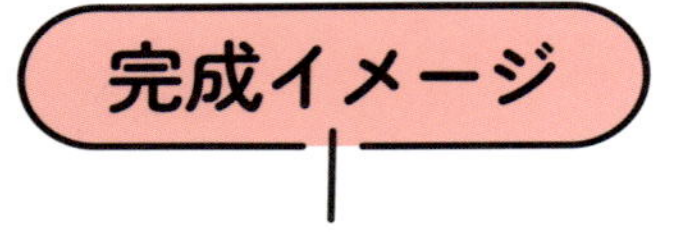

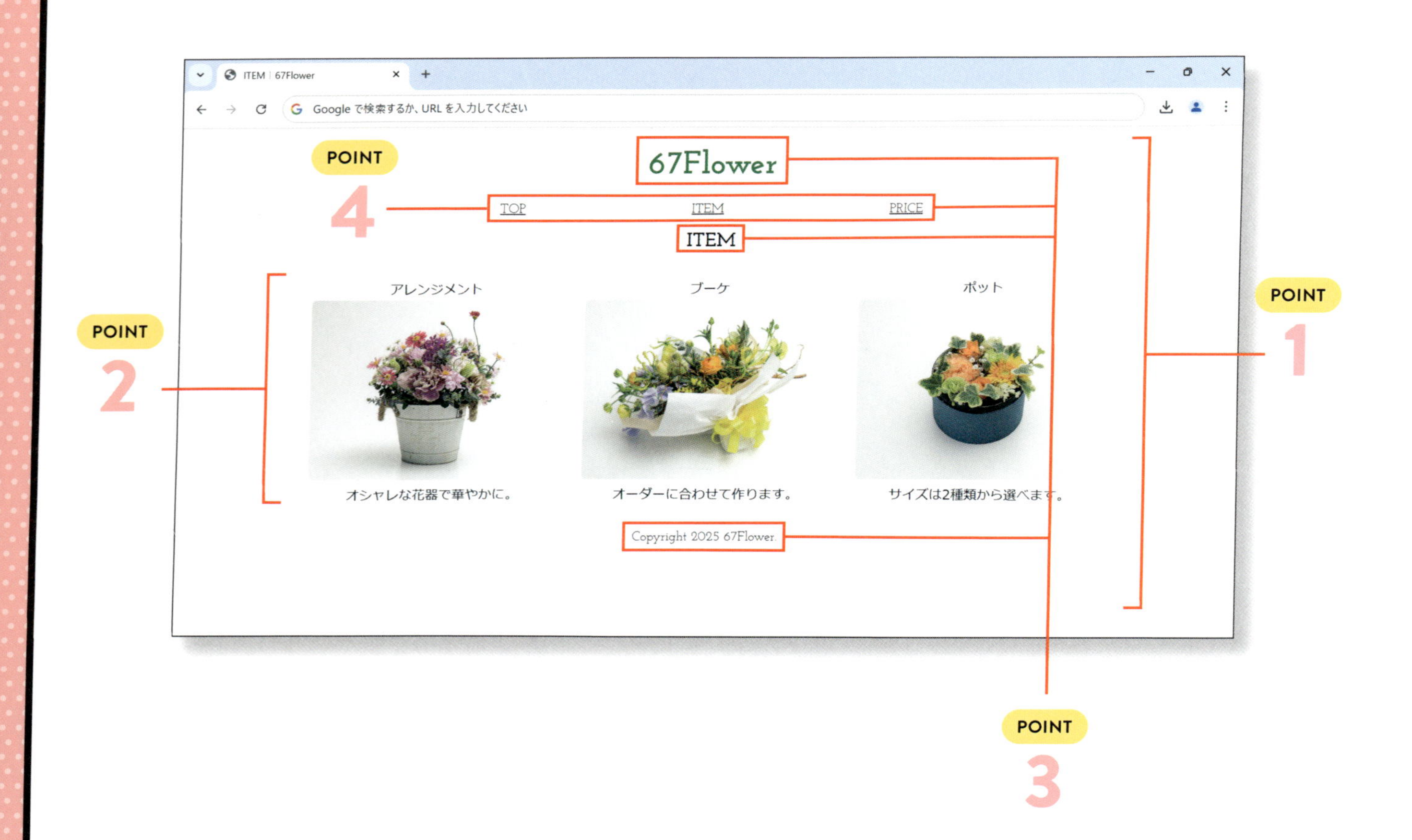

この章のポイント

POINT

1 テキストの配置

P.130

複数セレクタを使って、複数の要素内にあるテキストを一気に中央揃えにします。

```
padding:0;
}
.item{
display:flex;
gap:30px;
}
dl{
flex:1;
text-align:center;
}
h1,h2,li,footer{
text-align:center;
}
```

テキストを中央に揃える

POINT

2 デフォルトスタイルの上書き

P.134

ブラウザに初期設定されているスタイルを無効にして、希望どおりのスタイルを指定する方法を学びます。

```
gap:30px;
}
dl{
flex:1;
text-align:center;
}
h1,h2,li,footer{
text-align:center;
}
dd{
margin-left:0;
}
```

デフォルトスタイルを上書きする

POINT

3 ウェブフォントの利用

P.136

Googleが提供するウェブフォントを利用するための方法を学びます。

```
gap:30px;
}
dl{
flex:1;
text-align:center;
}
h1,h2,li,footer{
text-align:center;
font-family:"Josefin Slab", serif;
}
dd{
margin-left:0;
}
```

ウェブフォントを設定する

POINT

4 リンクテキストの設定

P.142

colorプロパティやtext-decorationプロパティを使って、特定の条件下でのリンクテキストの装飾を指定する方法を学びます。

```
}
dd{
margin-left:0;
}
li a{
color:#000;
}
li a:hover{
text-decoration:none;
}
```

リンクテキストの色を指定する

ポインターが乗ったときに下線を消す

Lesson 01 テキストを中央に揃えよう

テキストやimg要素（画像）は、幅や余白を指定することなく配置できます。ここでは複数の要素に対してスタイルを一括指定してみましょう。

テキストや画像の配置

見出し（h1-h6要素）や段落（p要素）、表組のセル（th/td要素）の中にあるテキストや画像の水平方向の配置を指定するにはtext-alignプロパティを使用します。気を付けたいのは、text-alignプロパティで配置できるのは「要素の中身であるテキストや画像に限る」という点です。要素自身を配置するには、P.111の手順❸～P.112の手順❺やP.117の手順❷～P.118の手順❹を参照してください。

text-alignプロパティ

値	表示結果
left	テキストや画像を行（セル）の左に寄せる
right	テキストや画像を行（セル）の右に寄せる
justify	テキストを行（セル）の両端揃えにする

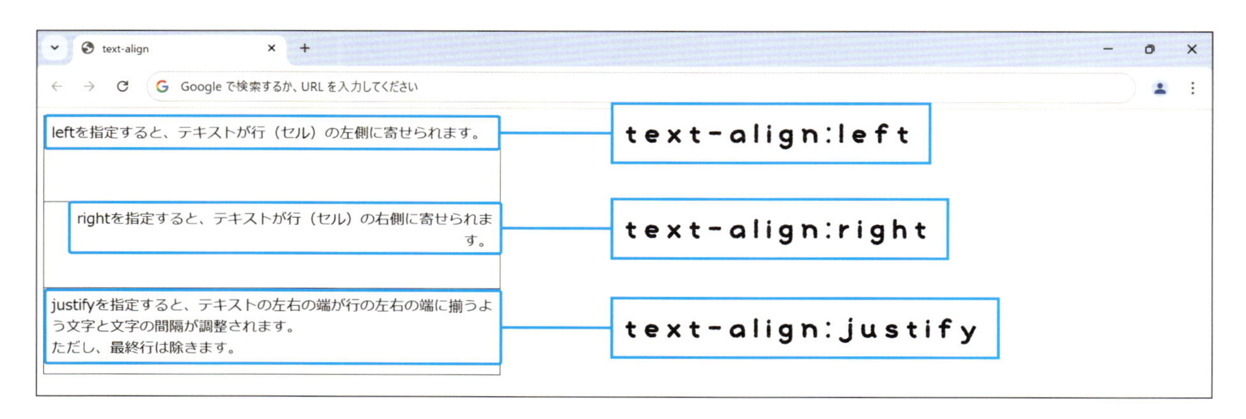

```
gap:200px;
padding:0;
}
.item{
display:flex;
gap:30px;
}
dl{
flex:1;
}
h1,h2,li,footer{

}
```

❶入力する ❷ Enter キーを2回押す ❸入力する

1 複数セレクタを入力する

CSSの最終行にh1、h2、li、footer要素を指すための**h1,h2,li,footer{**を入力し❶、Enter キーを2回押します❷。続けて**}**を入力します❸。スタイルを一括で指定するため、要素名を半角カンマでつないで**複数セレクタ**（P.95参照）として記述します。

```
gap:200px;
padding:0;
}
.item{
display:flex;
gap:30px;
}
dl{
flex:1;
}
h1,h2,li,footer{
text-align:
}
```

❶入力する

2 text-alignプロパティを入力する

h1,h2,li,footer{の下の行に**text-align**と**:**（半角コロン）を入力します❶。

```
gap:200px;
padding:0;
}
.item{
display:flex;
gap:30px;
}
dl{
flex:1;
}
h1,h2,li,footer{
text-align:center;
}
```

❶入力する

3 値を入力する

text-align:の直後に**center**と**;**（半角セミコロン）を入力します❶。h1要素、h2要素、li要素、footer要素の中身が中央揃えになります。

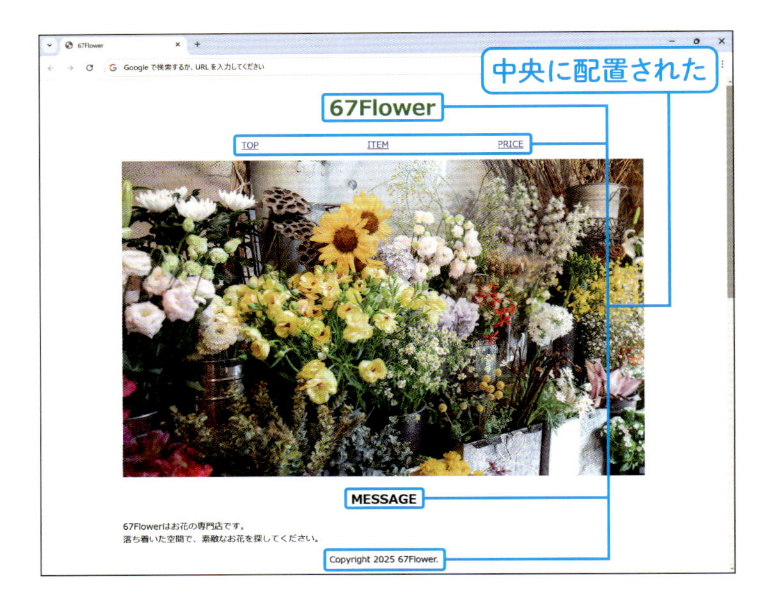

4 確認する

[ファイル] メニュー→[保存] の順にクリックしてファイルを上書き保存し、P.42を参考にindex.htmlをGoogle Chromeで開きます。h1、h2、li、footer各要素内のテキストが、それぞれの中央に配置されたことを確認できます。

```
}
.item{
display:flex;
gap:30px;
}
dl{
flex:1;
text-align:center;
}
h1,h2,li,footer{
text-align:center;
}
```

❶ Enter キーを押す

❷ 入力する

5 text-alignプロパティと値を入力する

item.htmlの説明リストの内容も、センターに配置しましょう。dl{を探して、flex:1;の直後で Enter キーを押し❶、**text-align:center;**を入力します❷。

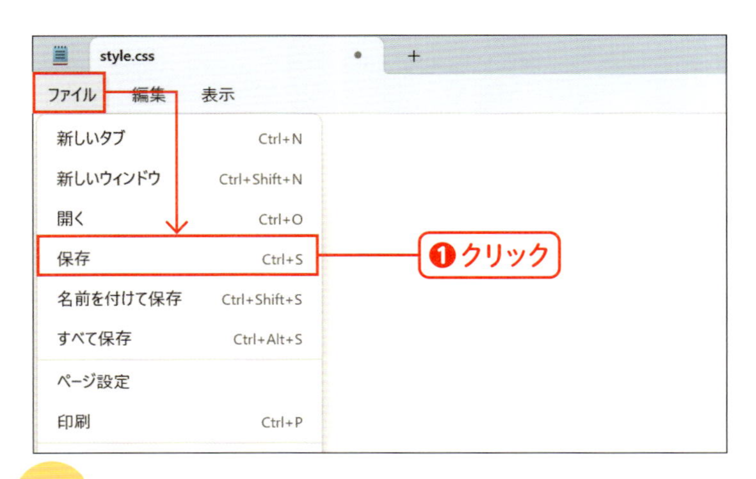

6 保存する

メモ帳の[ファイル] メニュー→[保存] の順にクリックして❶、ファイルを上書き保存します。

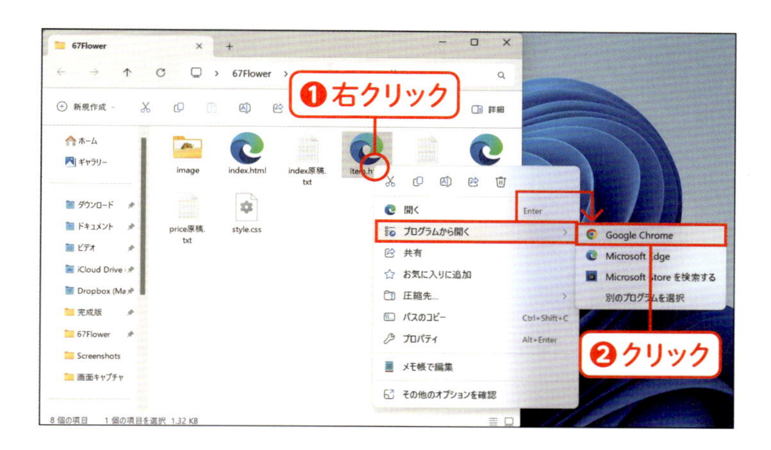

7 item.htmlを開く

item.htmlを右クリックし❶、［プログラムから開く］→［Google Chrome］の順にクリックして❷、Google Chromeでitem.htmlを開きます。Macの場合は、［このアプリケーションで開く］→［Google Chrome.app］の順にクリックします。

8 スタイルが反映された

アイテムたちがコンテナーの中央に横並びで配置されていることを確認できます。ただし、よく見ると全体が少し右に寄って見えます。次ページ以降で正しい場所に配置し直しましょう。

CHECK

vertical-align プロパティ

垂直方向の配置を指定するにはvertical-alignプロパティを使用します。これらのプロパティで配置できる対象は、行（セル）内のテキストや画像に限ります。

値	表示結果
top	行内の画像やセル内のテキストを上部に揃える
middle	行内の画像やセル内のテキストを中央に揃える
bottom	行内の画像やセル内のテキストを下部に揃える

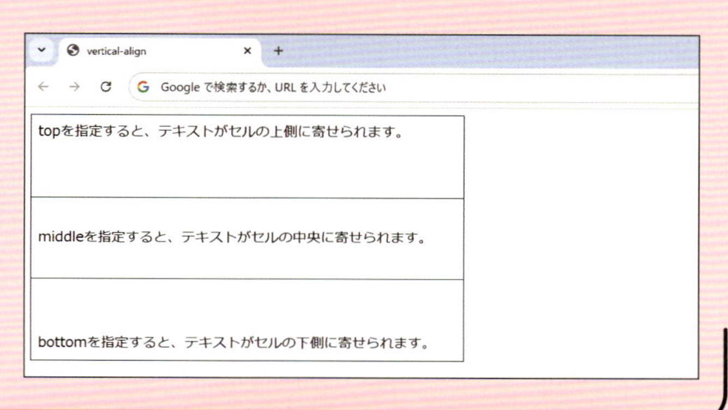

Lesson 02
デフォルトスタイルを上書きしよう

ブラウザーに初期設定されているデフォルトスタイルが原因で、思いがけない表示になってしまうことがあります。必要に応じてデフォルトスタイルを上書きしましょう。

```
.item{
display:flex;
gap:30px;
}
dl{
flex:1;
text-align:center;
}
h1,h2,li,footer{
text-align:center;
}
dd{

}
```

❶入力する ❷ Enter キーを2回押す ❸入力する

1 セレクタを入力する

商品写真が右に寄っているのはdd要素に適用されたデフォルトスタイルが原因なので、デフォルトスタイルを上書きします。CSSの最終行に**dd{**を入力し❶、Enter キーを2回押します❷。続けて**}**を入力します❸。

```
display:flex;
gap:30px;
}
dl{
flex:1;
text-align:center;
}
h1,h2,li,footer{
text-align:center;
}
dd{
margin-left:0;
}
```

❶入力する

2 marginプロパティと値を入力する

dd{の下の行に**margin-left:0;**を入力します❶。margin-leftは、要素の左側の余白を指定するためのプロパティです。一般的なウェブブラウザのデフォルトスタイルではdd要素の左側に余白が付けられているため、0の指定で上書きします。

3 確認する

[ファイル]メニュー→[保存]の順にクリックしてファイルを上書き保存し、Google Chromeの更新ボタンをクリックします。商品写真がページの中央に配置されました。

CHECK

デフォルトスタイルとは

ウェブブラウザにあらかじめ用意されているスタイルシート(デフォルトスタイル)は、HTML要素の種類に合わせて最低限の見た目を整えてくれます。デフォルトスタイルのおかげで、見出しのタグを付ければ見出しらしく、箇条書きのタグを付ければ箇条書きらしく見えるため、基本的には便利な存在ですが、オリジナルのスタイルと組み合わさると思いがけない表示結果になってしまうことがあります。
以下は、デフォルトスタイルのせいで起こりがちな困りごとと、解決のために上書きするスタイルの一覧表です。

h1-h6

困りごと	上書きするプロパティと値
文字サイズが大きい(小さい)ので標準サイズに揃えたい	font-size:1rem
テキストが太字になっているのを普通の文字に戻したい	font-weight:normal
上下の余白を無くしたい	margin:0

p

困りごと	上書きするプロパティと値
上下の余白を無くしたい	margin:0

ul

困りごと	上書きするプロパティと値
左方向の余白を無くしたい	padding-left:0

img

やりたいこと	上書きするプロパティと値
テキストと並んだときに、下方向に付く余白を無くしたい	vertical-align:bottom

Lesson 03

ウェブフォントを利用しよう

「ウェブフォント」のしくみを利用すると、閲覧環境に関係なく任意の書体でテキストを表示できます。見出しなどで利用することで、印象的な表現が可能になります。

ウェブフォントとは

私たちが「文字」として目にしているのは、利用中のデバイスにインストールされた「フォント」と呼ばれる書体データです。Windows、Mac、iPhoneやAndroidスマートフォンなど、閲覧環境によってインストールされているフォントが異なるため、「希望どおりの書体を使うことができない」というのがかつての常識でした。しかし近年のウェブブラウザはウェブフォントに対応しているため、ある程度までは、希望のフォントで表示することが可能です。ウェブフォントはウェブサーバ上に置かれたフォントデータを利用するしくみなので、ユーザーの閲覧環境に左右されません。なお、本書では、Googleが提供する無料のウェブフォントサービス「Google Fonts」を利用します。サービスは日々アップデートされているため、次ページ以降で紹介する画面と実際の画面が異なる可能性がありますが、作業の流れに大きな違いはないものと思われます。

● ウェブフォントのしくみ

ウェブサーバ上のフォントデータを
ダウンロードして利用する

1 Google Fontsを開く

Google Chromeを起動して、アドレスバーにhttps://fonts.google.comを入力します❶。

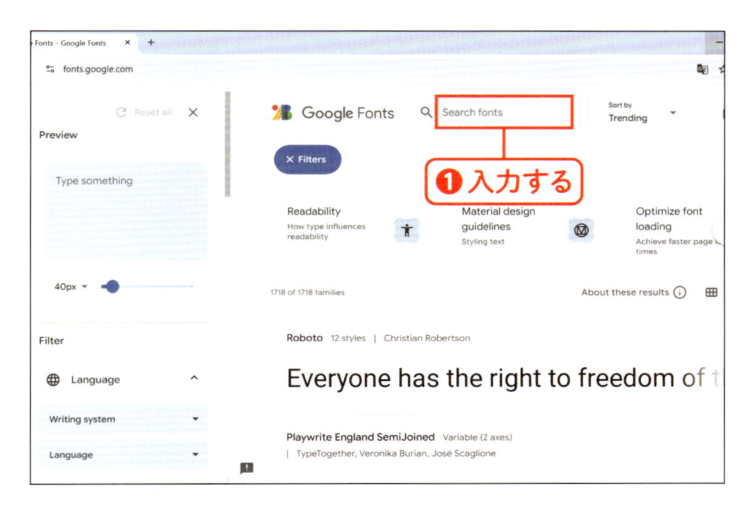

2 フォントを検索する

「Google Fonts」のページが表示されます。「Search fonts」欄にフォント名「Josefin Slab」を入力します❶。

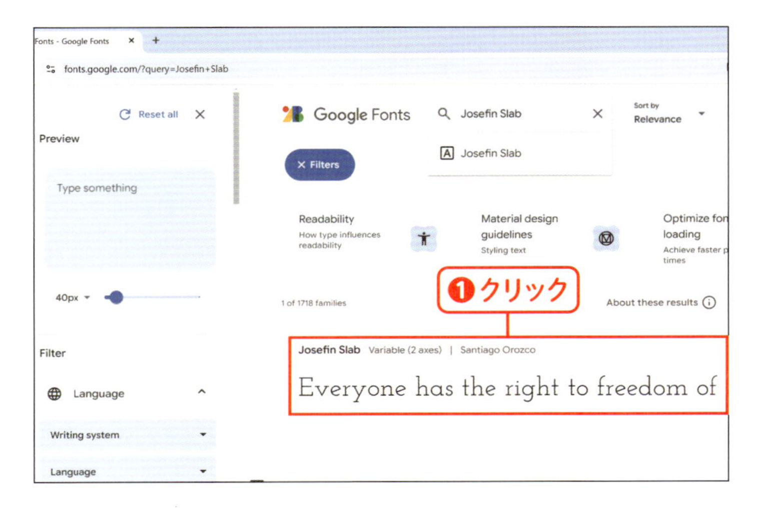

3 「Josefin Slab」ページを開く

検索結果の「Josefin Slab」をクリックし❶、詳細ページを開きます。

4 「Get font」ページを開く

「Get font」ボタンをクリックして❶、「Josefin Slab」を利用するためのページを開きます。

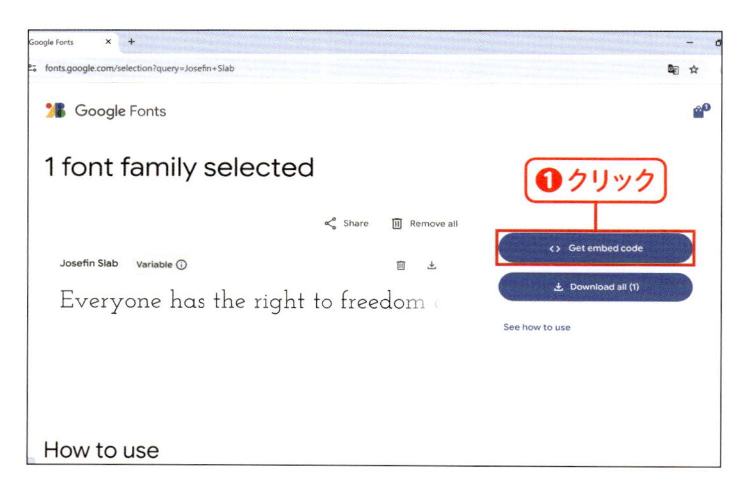

5 「Embed code」ページを開く

「Get embed code」ボタンをクリックして❶、「Embed code」ページを開きます。

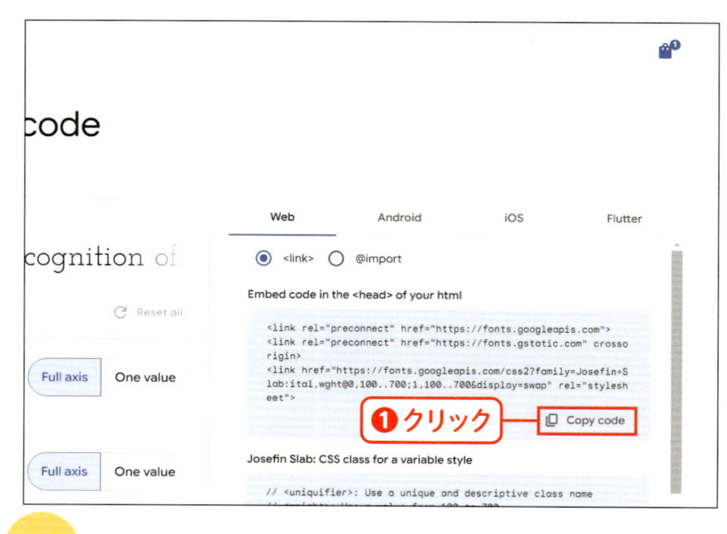

6 HTMLコードをコピーする

「Embed code in the <head> of your html」の下に表示されているHTMLコードをコピーします。「Copy code」をクリックすると❶、クリップボードにコピーされます。

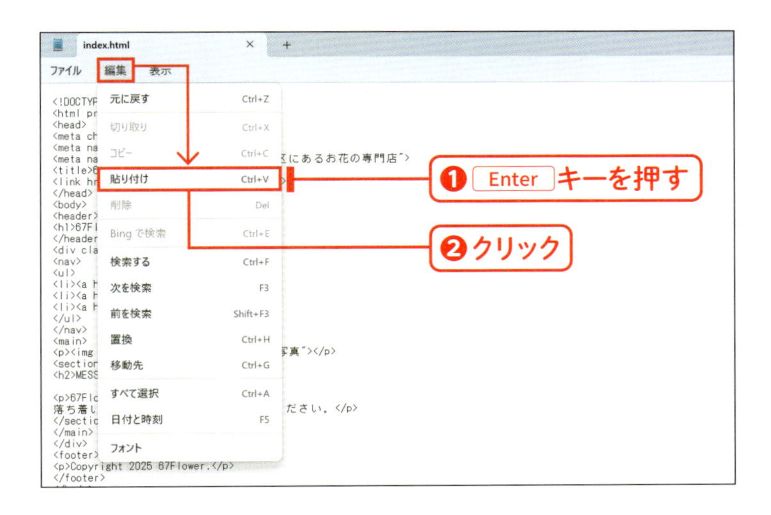

7 HTMLコードを貼り付ける

index.htmlをメモ帳（Macの場合はテキストエディット）で開きます。<link href="style.css" rel="stylesheet">の直後で Enter キーを押し❶、[編集]メニュー→[貼り付け]（Macの場合は[ペースト]）の順にクリックします❷。

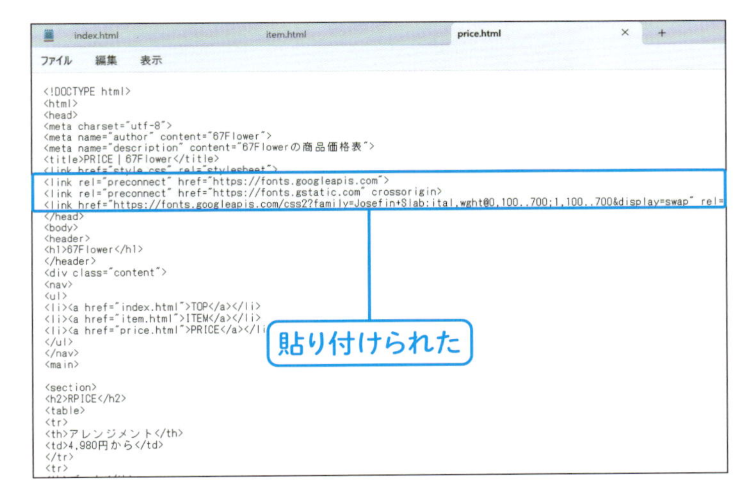

8 すべてのHTML文書に貼り付ける

手順❺でコピーしたテキストが貼り付けられました。item.htmlとprice.htmlをそれぞれメモ帳（Macの場合はテキストエディット）で開き、Google FontsのHTMLコードを貼り付けます。作業が終わったら、それぞれのファイルを保存してください。

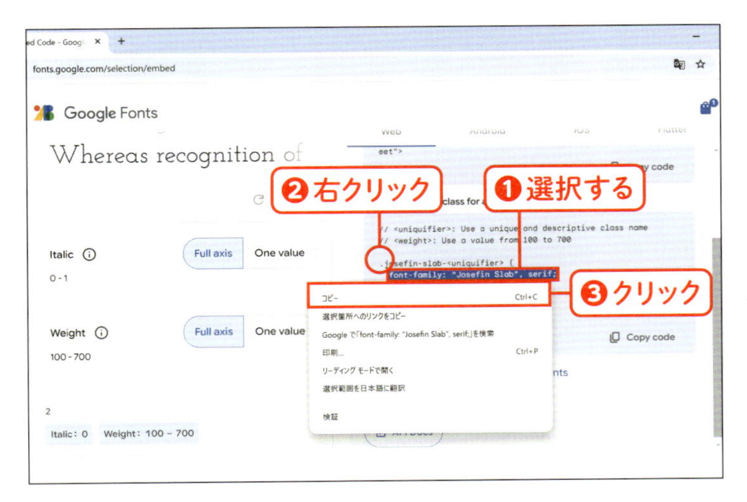

9 CSSコードをコピーする

Google Chromeに戻り、「Josefin Slab: CSS class for a variable style」の下に表示されているCSSコードの一部をコピーします。font-family: "Josefin Slab", serif;を選択して❶、右クリックし❷、[コピー]をクリックします❸。

10 CSSコードを貼り付ける

style.cssをメモ帳（Macの場合はテキストエディット）で開きます。h1,h2,li,footer{を探して、text-align:center;の直後で Enter キーを押し❶、［編集］メニュー→［貼り付け］（Macの場合は［ペースト］）の順にクリックします。

```
.item{
display:flex;
gap:30px;
}
dl{
flex:1;
text-align:center;
}
h1,h2,li,footer{
text-align:center;
font-family:"Josefin Slab", serif;
}
dd{
margin-left:0;
}
```

❶ Enter キーを押す

貼り付けられた

11 CSSファイルを保存する

font-familyは、フォントの種類を指定するためのプロパティです。ここでは、Googleのウェブサーバ上のフォントデータ「Josefin Slab」を指定しています。［ファイル］メニュー→［保存］（Macの場合は［保存］）の順にクリックして❶、ファイルを保存します。

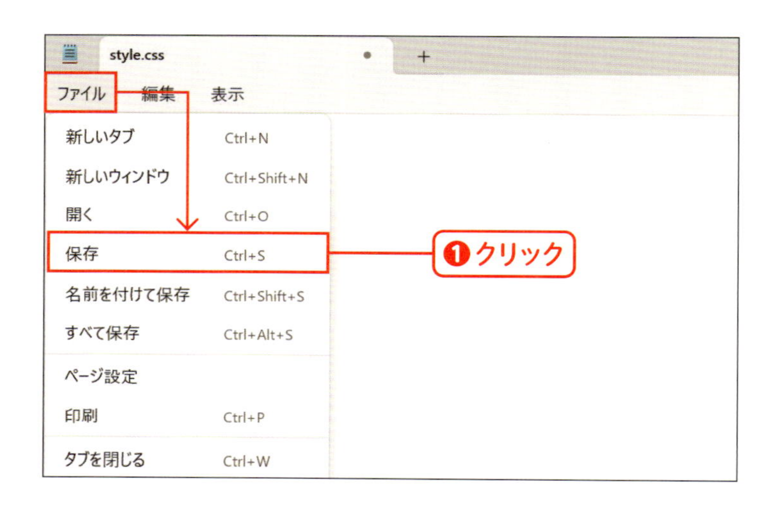

12 確認する

P.42を参考にindex.htmlをGoogle Chromeで開きます。店名ロゴ、ナビゲーションメニュー、見出し、コピーライトのフォントが変更されたことを確認できます。念のため、他のページも確認しておきましょう。

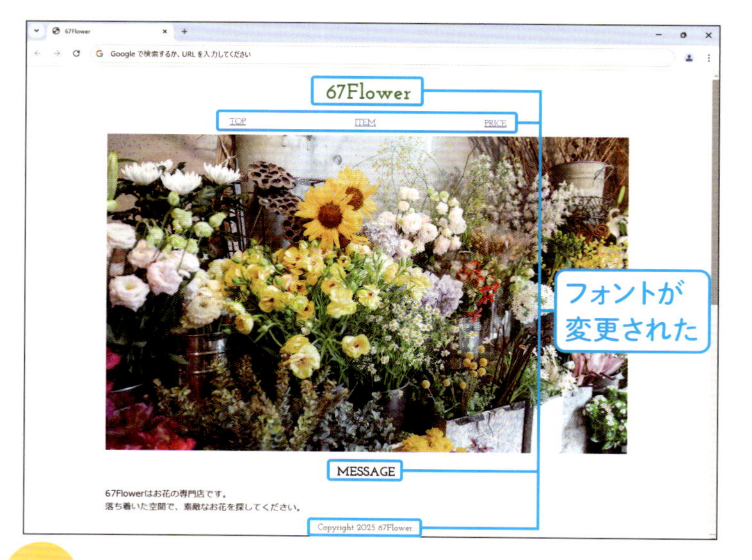

CHECK

日本語ウェブフォントとアイコンフォント

日本語は、ひらがな、漢字、カタカナなど多くの字形で構成されているためフォントデータのファイルサイズが大きくなりがちです。そのため、すべての文字をウェブフォントで表示しようとすると、ページの読み込みが遅くなってしまう心配があります。また日本語フォントの作成には大きなコストがかかることもあり、Google Fontsのように無料で利用できるサービスは多くありません。そのため、欧米に比べると日本でのウェブフォントの普及はやや遅れています。ただ有料にはなりますがTypeSquareなどたくさんのフォントを選べるサービスもあるので、文章を魅力的に見せたい場合には積極的に試してみるのもよいでしょう。

なお、フォントデータに登録されているのは字形だけとは限りません。アイコンフォントと呼ばれるウェブフォントを提供しているサービスもあります。アイコンフォントにはイラストが登録されており、ページの中の任意の場所に簡単にアイコンイラストを埋め込むことができます。アイコンフォント提供サービスで有名なものの1つにFont Awesomeがあります。こうしたサービスはウェブサイトのデザインの一部として組み込む程度なら、無料で利用できるものがほとんどです。しかし、利用の際には事前にかならずライセンス内容に目を通しておくようにしましょう。

▲TypeSquare
(https://typesquare.com/ja/)

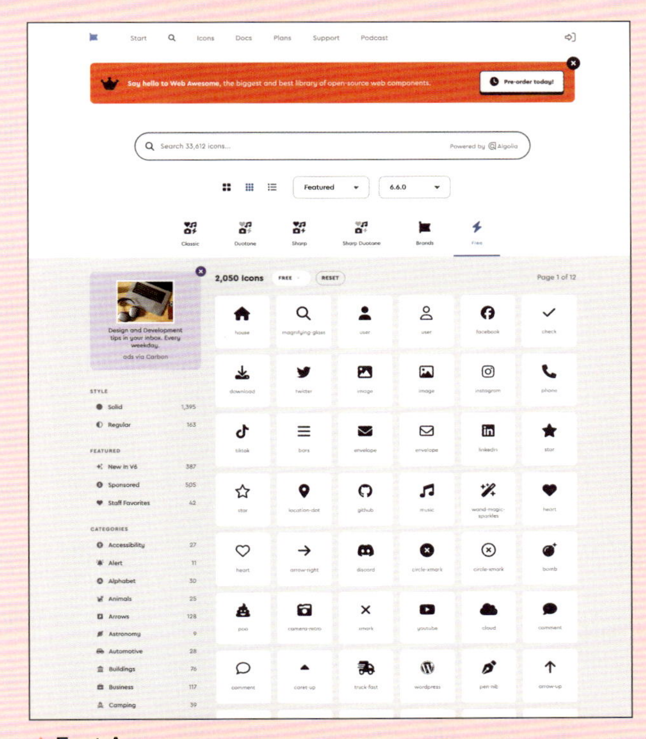

▲Font Awesome
(https://fontawesome.com)

Lesson 04

リンクテキストのスタイルを変更しよう

リンクテキストの色は、初期状態では明るいブルーです。これを黒色に変更してみましょう。またポインターを乗せたときには下線が消えるよう指定します。

リンクテキストの表示

一般的なウェブブラウザでは、リンクテキストは青字で表示され、下線が付きます。また、リンク画像(aタグで囲まれたimg要素)には枠線が付くことがほとんどです。このデフォルトスタイル(P.135参照)を変更する際、多くのユーザーはデフォルトスタイルの見た目に慣れているため、特に本文中のリンクテキストに適用されているスタイルは極端に変更しないほうが無難です。デザイン面においてオリジナリティを発揮しすぎたせいで、使いづらいサイトになってしまっているケースをよく見かけます。ウェブサイトは自己表現の場であると同時に、ユーザーが情報を受け取る場でもあることを常に忘れないようにしましょう。

スタイル変更の例

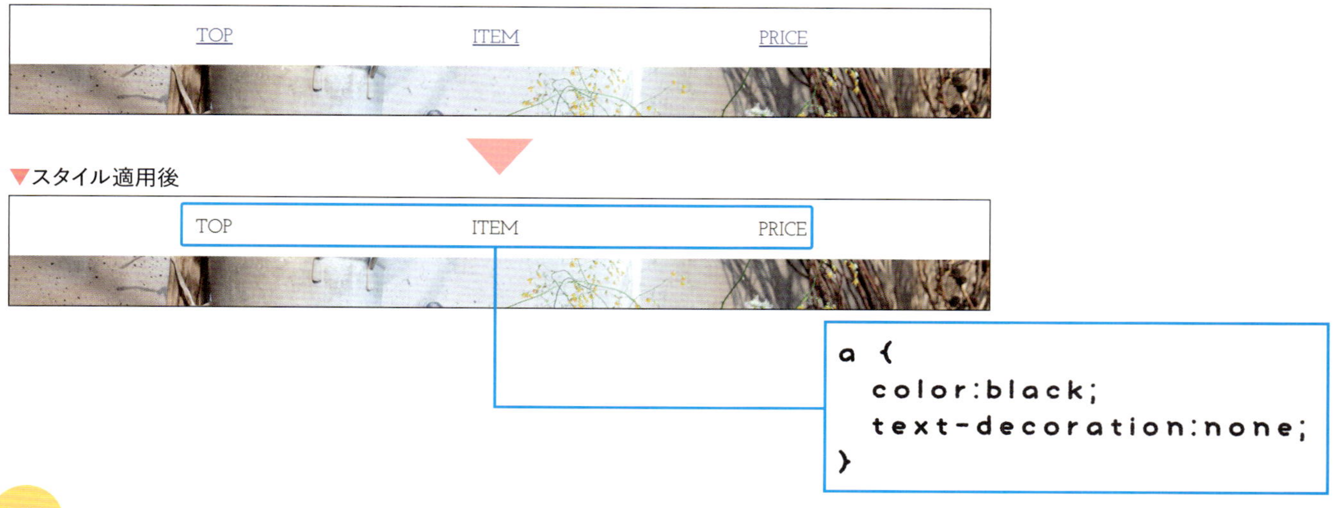


```
a {
  color:black;
  text-decoration:none;
}
```

```
dl{
flex:1;
text-align:center;
}
h1,h2,li,footer{
text-align:center;
font-family:"Josefin Slab", serif;
}
dd{
margin-left:0;
}
li a{

}
```

❶入力する　❷ Enter キーを2回押す　❸入力する

1 セレクタを入力する

CSSの最終行に**li a{**を入力し❶、Enter キーを2回押します❷。続けて**}**を入力します❸。li aは、複数のセレクタを半角スペースでつなげて記述する**子孫セレクタ**です。

MEMO

子孫セレクタについてはP.95参照。

```
dl{
flex:1;
text-align:center;
}
h1,h2,li,footer{
text-align:center;
font-family:"Josefin Slab", serif;
}
dd{
margin-left:0;
}
li a{
color:#000;
}
```

❶入力する

2 colorプロパティと値を入力する

li a{の下の行に**color:#000;**を入力します❶。colorは文字色を指定するためのプロパティです。値の#000は黒色を示すカラーコードです。

黒色になった

3 確認する

[ファイル]メニュー→[保存]の順にクリックしてファイルを上書き保存し、Google Chromeの更新ボタンをクリックします。ナビゲーションのリンクテキスト「TOP」「ITEM」「PRICE」の文字色が黒色になっていることを確認します。

```
}
h1,h2,li,footer{
text-align:center;
font-family:"Josefin Slab", serif;
}
dd{
margin-left:0;
}
li a{
color:#000;
}
li a:hover{

}
```

❶入力する　❷ Enter キーを2回押す　❸入力する

4 セレクタを入力する

CSSの最終行に**li a:hover{**を入力し❶、Enterキーを2回押します❷。続けて**}**を入力します❸。:hover疑似クラスは**ポインターが乗った状態**を表すためのセレクタです。

```
h1,h2,li,footer{
text-align:center;
font-family:"Josefin Slab", serif;
}
dd{
margin-left:0;
}
li a{
color:#000;
}
li a:hover{
text-decoration:none;
}
```

❶入力する

5 text-decorationプロパティと値を入力する

li a:hover{の下の行に**text-decoration:none;**を入力します❶。text-decorationはテキストの装飾を行うためのプロパティです。値にnoneを指定することで、a要素に付いていた下線を消します。

6 確認する

[ファイル]メニュー→[保存]の順にクリックしてファイルを上書き保存し、Google Chromeの更新ボタンをクリックします。ナビゲーションのリンクテキストにポインターを乗せると、そのときだけリンクテキストの下線が消えていることを確認できます。

CHECK

疑似クラスと疑似要素

状態を表す疑似クラス

疑似クラス名	状態
:hover	カーソルなどが乗っている状態
:active	パソコンではマウスの左ボタン、タッチデバイスでは画面を押し込んでいる状態
:focus	リンクエリアやフォームの入力欄にフォーカスしている状態

位置を表す疑似クラス

:nth-of-type 疑似クラスを使うと、同じ種類の要素のうちｎ番目だけにスタイルを適用できます。

疑似クラス名	選択される要素
:nth-of-type(n)	n 番目の要素
:nth-last-of-type(n)	最後から数えてｎ番目の要素

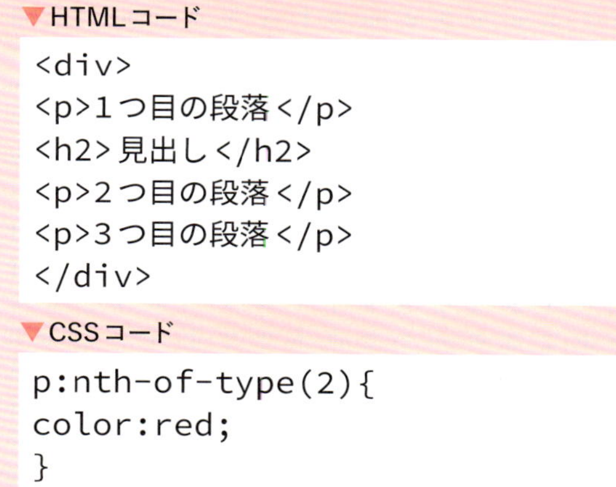

▼HTMLコード

```
<div>
<p>1つ目の段落</p>
<h2>見出し</h2>
<p>2つ目の段落</p>
<p>3つ目の段落</p>
</div>
```

▼CSSコード

```
p:nth-of-type(2){
color:red;
}
```

疑似要素

HTMLに記述されていない要素を、CSSで擬似的に作ることができます。

疑似要素名	スタイルが適用される場所
::before	要素の直前
::after	要素の直後

▼HTMLコード

```
<h1>見出しだよ</h1>
```

▼CSSコード

```
h1::before{
content:"★";
color:red;
}
h1::after{
content:"！";
}
```

練習問題

問題1 次の空欄A～Cにあてはまる語句を答えなさい。

［ A ］は、ウェブサーバ上に置かれたフォントデータを利用してテキストを表示するしくみです。
日本語のフォントデータはファイルサイズが大きいため、ページの読み込みが［ B ］なる可能性があります。なお、［ C ］を使うと、手軽にアイコンイラストを利用することができます。

問題2 次の空欄D～Hにあてはまる語句を答えなさい。

状態や条件によって異なるスタイルを指定することができるセレクタの総称を［ D ］といいます。カーソルが乗っている状態は［ E ］、リンクテキストなどの上でマウスの左ボタンを押し込んでいる状態は［ F ］で表されます。また、:nth-of-type(n) 疑似クラスを使うと、「同じ種類の要素のうちn番目の要素」に限定してスタイルを適用できます。p:nth-of-type(2) というセレクタは、［ G ］番目の［ H ］要素を指しています。

問題3 以下のHTMLのコードを見て、IからLのスタイルを適用するのにもっとも簡潔なセレクタを答えなさい。

```
<ul>
<li class="gg">Google</li>
<li class="fb">Facebook</li>
<li>YouTube</li>
</ul>
```

- I 「Google」のテキストの色を赤くしたい
- J 「Google」と「Facebook」と「YouTube」のテキストの色を緑にしたい
- K 「YouTube」のテキストの色を青にしたい
- L 「Facebook」の直後に装飾の記号「★」を表示したい（擬似要素の生成）

▶解答はP.188

Chapter

背景、影、枠線を付けよう

見出しとその内容のまわりを枠線で囲むことで、ユーザーに対して「ひとかたまりの情報ですよ」と伝えることができます。枠線ではなく、背景に色を塗っても同じ効果が得られます。枠線や背景は大きな面積を持つ要素に対して指定されることが多いため、装飾効果も高く、出番の多い表現です。さらに、影を付けて立体感を出したり、枠線の角に丸みを付けたりして、やわらかな雰囲気を演出するなど、本章で学ぶスタイルを効果的に取り入れることで、機能的かつ印象的なデザインのページを作成できます。

背景、影、枠線を付けよう

完成イメージ

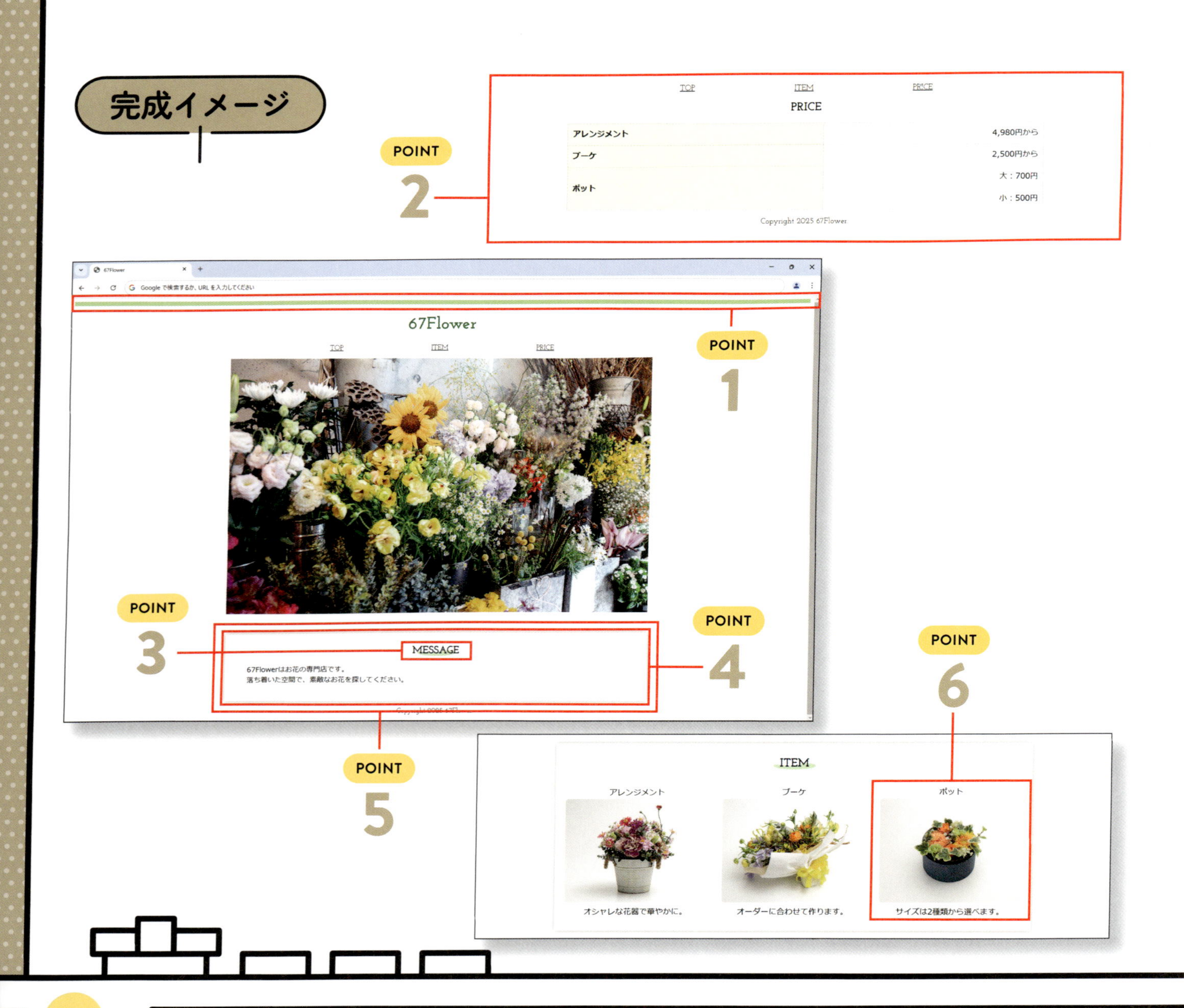

この章のポイント

POINT

1 枠線の設定

→ P.150

border-topプロパティを使って、ページ上部に枠線を付ける方法を学びます。

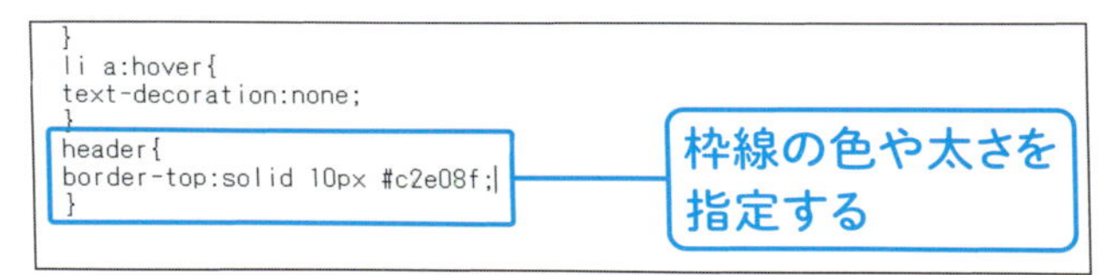
}
li a:hover{
text-decoration:none;
}
header{
border-top:solid 10px #c2e08f;
}
枠線の色や太さを指定する

POINT

2 表組みの装飾

→ P.152

border-collapseプロパティやbackground-colorプロパティを使って、表を装飾する方法を学びます。

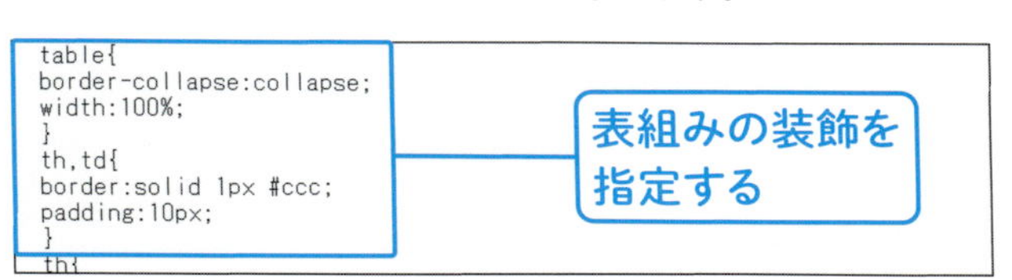
table{
border-collapse:collapse;
width:100%;
}
th,td{
border:solid 1px #ccc;
padding:10px;
}
th{
表組みの装飾を指定する

POINT

3 背景画像の設定

→ P.158

background-imageプロパティを使って、背景画像を指定する方法を学びます。

```
h2{
background-image:url(image/bg_h2.png);
background-repeat:no-repeat;
background-position:center bottom;
background-size:86px 13px;
}
```

背景画像の繰り返し方法や大きさを指定する

POINT

4 影の設定

→ P.162

box-shadowプロパティを使って影を付け、立体的に見せる方法を学びます。

```
background-position:center bottom;
background-size:86px 13px;
}
section{
box-shadow:0 0 10px 0 #ccc;
}
```

影を指定する

POINT

5 余白の設定

→ P.164

marginプロパティやpaddingプロパティを使って、余白を指定する方法を学びます。

```
section{
box-shadow:0 0 10px 0 #ccc;
margin-top:40px;
padding-top:10px;
padding-right:20px;
padding-bottom:10px;
padding-left:20px;
}
```

余白を指定する

POINT

6 角の丸み

→ P.168

border-radiusプロパティを使って、画像の角に丸みを持たせる方法を学びます。

```
padding-right:20px;
padding-bottom:10px;
padding-left:20px;
}
dd img{
border-radius:6px;
}
```

角の丸みを指定する

Lesson 01

枠線を付けよう

リンクテキストを枠線で囲んでボタンのように見せたり、見出しと文章を囲んでコラムのように見せたり、枠線は何かと出番の多い表現です。

```
dd{
margin-left:0;
}
li a{
color:#000;
}
li a:hover{
text-decoration:none;
}
header{

}
```

❶入力する ❷ Enter キーを2回押す ❸入力する

1 セレクタを入力する

ページの上部（header要素の上）にラインを引くため、CSSの最終行に**header{**を入力し❶、Enter キーを2回押します❷。続けて**}**を入力します❸。

```
dd{
margin-left:0;
}
li a{
color:#000;
}
li a:hover{
text-decoration:none;
}
header{
border-top:solid 10px #c2e08f;
}
```

❶入力する

2 border-topプロパティと値を入力する

枠線の種類、太さ、色を指定します。header{の下の行に**border-top:solid␣10px␣#c2e08f;**を入力します❶。3つの値はそれぞれ、線の種類＝実線、線の太さ＝10px、線の色＝緑色（#c2e08f）を指定しています。プロパティがborder-topなので、この線はheader要素の上辺だけに付きます。

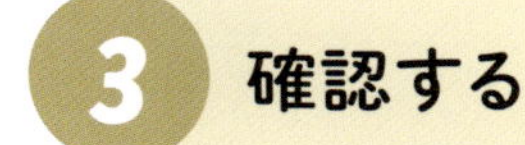

3 確認する

［ファイル］メニュー→［保存］の順にクリックしてファイルを上書き保存し、P.42を参考にindex.htmlをGoogle Chromeで開きます。header要素の上にラインが付いていることを確認できます。

CHECK

border関連のプロパティ

枠線を付けるためのプロパティにはさまざまな種類が用意されています。ここでは、代表的なプロパティとして、border-styleプロパティ、border-widthプロパティ、border-colorプロパティ、border-［方向］プロパティを紹介します。不要な記述や重複する記述はできるだけ避けたいので、必要に応じて使い分けましょう。

● border-styleプロパティ

線の種類を指定するためのプロパティです。値として、実線（solid）や点線（dotted）などを記述できますが、実線以外はウェブブラウザによって表示結果がまちまちになることがあります。特定の辺の線の種類のみ指定する際には、border-top-style:dotted;のように方向を含めて記述します。

値	表示される線の種類
none	枠線を表示しない
solid	実線
double	2本線
dotted	点線

● border-widthプロパティ

線の太さを指定するためのプロパティです。pxなどの単位を使って数値で指定するのが一般的です。

● border-colorプロパティ

線の色を指定するためのプロパティ です。背景色（background-color）やテキスト色（color）などと同じように、カラーコードや色名で指定します。

● border-［辺の方向］プロパティ

方向を指定すると特定の辺のみに線を付けられます。上辺ならtop、その他の方向はbottom、left、rightで指定します。borderプロパティ（方向を指定しない）を記述すると、4辺に同じスタイルの線を付けられます。

Lesson 02

表組をデザインしよう

セル同士を区切るラインを引いたり、強調したいセルに背景色を付けるなど、ちょっとした工夫で「より見やすい表」を作ることができます。

```
dd{
margin-left:0;
}
li a{
color:#000;
}
li a:hover{
text-decoration:none;
}
header{
border-top:solid 10px #c2e08f;
}
table{

}
```

❶入力する ❷ Enter キーを2回押す ❸入力する

1 セレクタを入力する

CSSの最終行に、table要素を指すためのセレクタ**table{**を入力し❶、Enter キーを2回押します❷。続けて**}**を入力します❸。

```
dd{
margin-left:0;
}
li a{
color:#000;
}
li a:hover{
text-decoration:none;
}
header{
border-top:solid 10px #c2e08f;
}
table{
border-collapse:
}
```

❶入力する

2 border-collapse プロパティを入力する

table{の下の行に**border-collapse**と**:**(半角コロン)を入力します❶。border-collapseプロパティは、セルに付けた枠線をどのように表示するか指定します。

```
dd{
margin-left:0;
}
li a{
color:#000;
}
li a:hover{
text-decoration:none;
}
header{
border-top:solid 10px #c2e08f;
}
table{
border-collapse:collapse;
}
```

❶入力する

3 値を入力する

border-collapse:の直後に**collapse**と**;**（半角セミコロン）を入力します❶。collapseを指定すると、隣接したセル同士の枠線が共有されます。

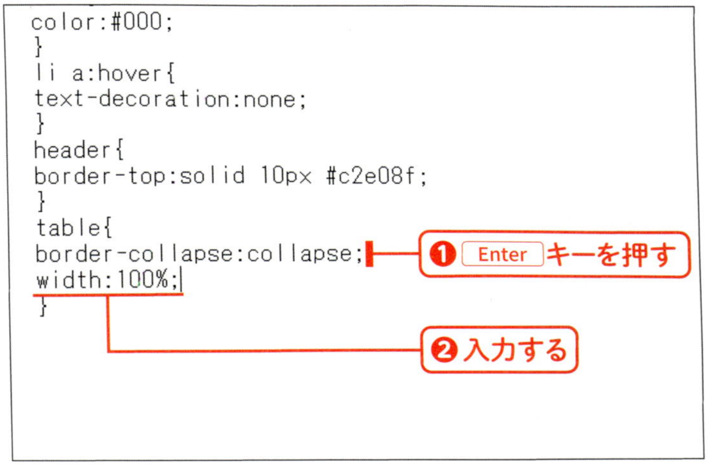

```
color:#000;
}
li a:hover{
text-decoration:none;
}
header{
border-top:solid 10px #c2e08f;
}
table{
border-collapse:collapse;
width:100%;
}
```

❶ Enter キーを押す

❷入力する

4 widthプロパティと値を入力する

border-collapse:collapse;の直後で Enter キーを押し❶、**width:100%;**を入力します❷。表組全体を親要素の横幅いっぱいまで広げます。

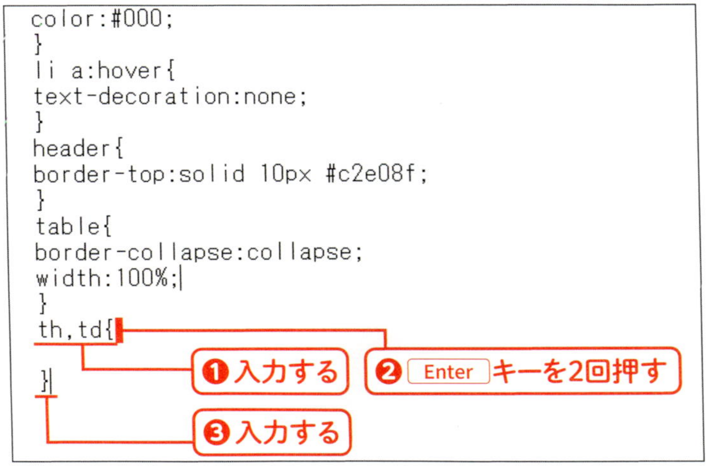

```
color:#000;
}
li a:hover{
text-decoration:none;
}
header{
border-top:solid 10px #c2e08f;
}
table{
border-collapse:collapse;
width:100%;
}
th,td{

}
```

❶入力する

❷ Enter キーを2回押す

❸入力する

5 複数セレクタを入力する

セルの枠線を付けていきます。

CSSの最終行に、th要素とtd要素を指すためのセレクタ**th,td{**を入力し❶、 Enter キーを2回押します❷。続けて**}**を入力します❸。

```
li a:hover{
text-decoration:none;
}
header{
border-top:solid 10px #c2e08f;
}
table{
border-collapse:collapse;
width:100%;
}
th,td{
border:solid 1px #ccc;
}
```

❶入力する

6 borderプロパティと値を入力する

th,td{の下の行に**border:solid␣1px␣#ccc;**を入力します❶。borderは、上下左右の枠線を一括で指定するためのプロパティです。線の種類＝実線、線の太さ＝1px、線の色＝薄いグレー（#ccc）を指定しています。

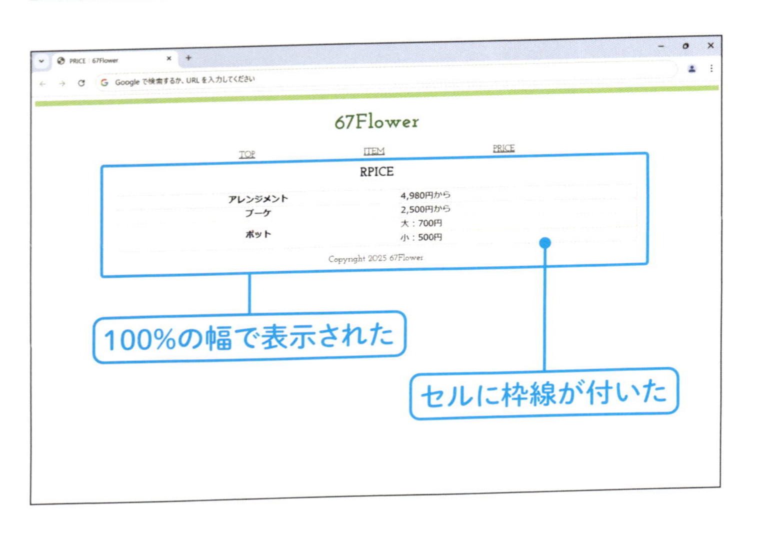

7 確認する

［ファイル］メニュー→［保存］の順にクリックしてファイルを上書き保存し、P.42を参考にprice.htmlをGoogle Chromeで開きます。料金表が100%の幅で表示され、すべてのセルに枠線が付いていることを確認できます。

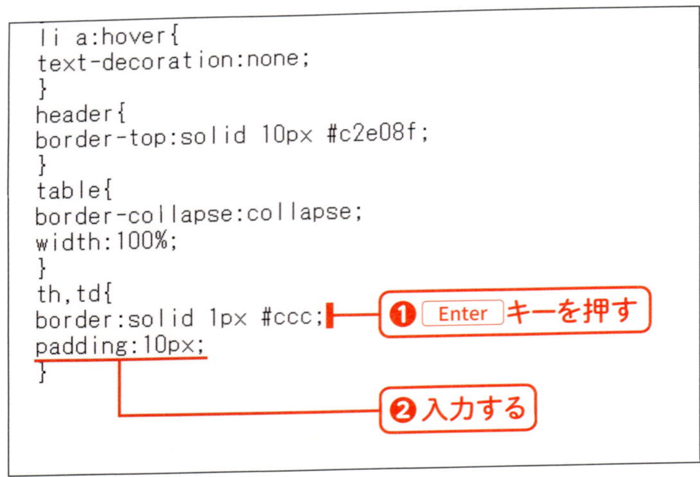

8 paddingプロパティと値を入力する

セルの中のテキストが詰まって見えるので、枠線とテキストの間にスペースを追加します。border:solid 1px #ccc;の直後で Enter キーを押し❶、**padding:10px;**を入力します❷。

```
header{
border-top:solid 10px #c2e08f;
}
table{
border-collapse:collapse;
width:100%;
}
th,td{
border:solid 1px #ccc;
padding:10px;
}
th{

}
```

❶入力する ❷ Enter キーを2回押す ❸入力する

9 セレクタを入力する

CSSの最終行に、見出しセルを指すためのセレクタ**th{**を入力し❶、Enterキーを2回押します❷。続けて**}**を入力します❸。

```
header{
border-top:solid 10px #c2e08f;
}
table{
border-collapse:collapse;
width:100%;
}
th,td{
border:solid 1px #ccc;
padding:10px;
}
th{
background-color:
}
```

❶入力する

10 background-color プロパティを入力する

th{の下の行に**background-color**と**:**（半角コロン）を入力します❶。background-colorプロパティは、背景色を塗るためのプロパティです。

```
header{
border-top:solid 10px #c2e08f;
}
table{
border-collapse:collapse;
width:100%;
}
th,td{
border:solid 1px #ccc;
padding:10px;
}
th{
background-color:#fffef0;
}
```

❶入力する

11 値を入力する

background-color:の直後に**#fffef0**と**;**（半角セミコロン）を入力します❶。#fffef0は薄い黄色を示すカラーコードです。

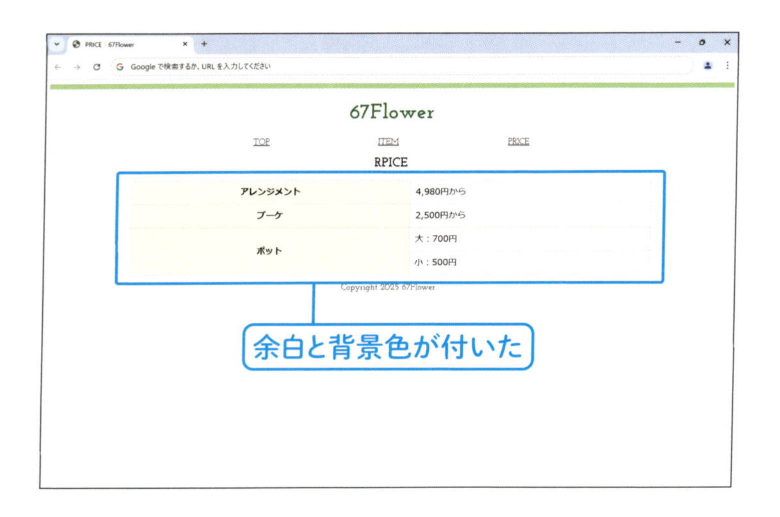

12 確認する

［ファイル］メニュー→［保存］の順にクリックして、ファイルを上書き保存し、Google Chromeの更新ボタンをクリックします。セルの中に余白が付けられ、見出しセルに薄い黄色の背景色が塗られていることを確認できます。

```
header{
border-top:solid 10px #c2e08f;
}
table{
border-collapse:collapse;
width:100%;
}
th,td{
border:solid 1px #ccc;
padding:10px;
}
th{
background-color:#fffef0;
text-align:left;
}
```

❶ Enter キーを押す

❷ 入力する

13 text-alignプロパティと値を入力する

見出しセル内のテキストが中央に配置されているのは、th要素に適用されたデフォルトスタイルが原因なので、デフォルトスタイルを上書きします。background-color:#fffef0;の直後で Enter キーを押し❶、**text-align:left;**を入力します❷。

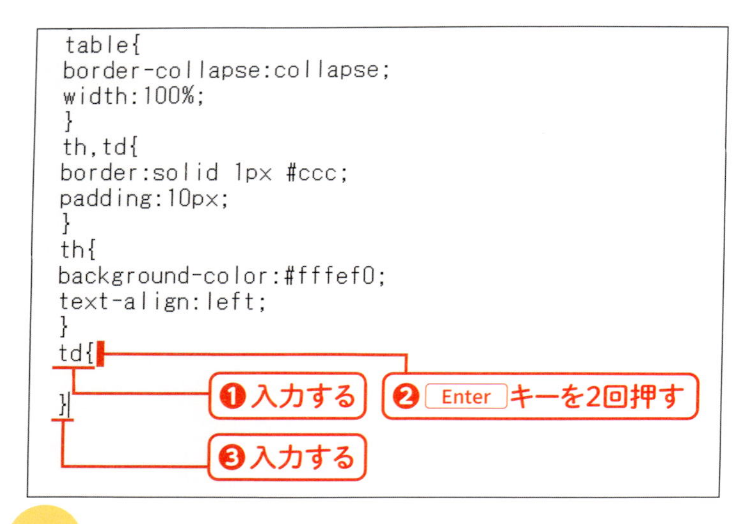

```
table{
border-collapse:collapse;
width:100%;
}
th,td{
border:solid 1px #ccc;
padding:10px;
}
th{
background-color:#fffef0;
text-align:left;
}
td{

}
```


14 セレクタを入力する

一方、金額は右揃えで表示されている方が見やすいので、通常のセル内のテキストは右に配置しましょう。CSSの最終行に、セルを指すためのセレクタ**td{**を入力し❶、Enter キーを2回押します❷。続けて**}**を入力します❸。

```
th,td{
border:solid 1px #ccc;
padding:10px;
}
th{
background-color:#fffef0;
text-align:left;
}
td{
text-align:right;
}
```

❶入力する

15 text-alignプロパティと値を入力する

td{の下の行に**text-align:right;**を入力します❶。

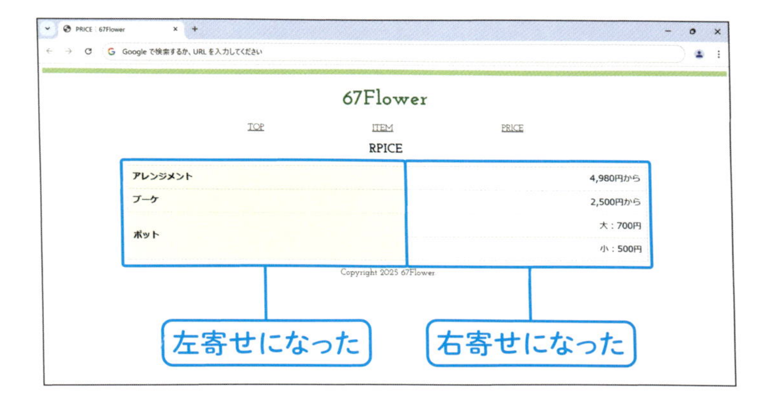

16 確認する

[ファイル]メニュー→[保存]の順にクリックしてファイルを上書き保存し、Google Chromeの更新ボタンをクリックします。見出しセル内のテキストは左、金額は右揃えで表示されていることを確認できます。

CHECK

border-collapseプロパティ

隣接したセルに付いた枠線を共有するか分離するか指定するには、border-collapseプロパティを使用します。separateを指定するとそれぞれの枠線が個別に表示されます。

●値：collapse

●値：separate

Lesson 03

背景画像を指定しよう

装飾のための模様やワンポイントのイラストなど、ページの内容に直接関係のない画像は、HTML 文書に記述せずCSS の背景画像として表現します。

画像の"見せ方"

商品写真やボタン、文字画像など、それ自体が重要な意味を持っている画像はimg要素としてHTML文書に直接記述することが求められます。一方、装飾のための画像はCSSで表現するのが良いとされています。前後のテキストと直接の関連がなさそうなイラストや写真、テキストの横に置かれたアイコンなどは、装飾のための画像と考えてよいでしょう。画像をCSSで表示する方法はいくつかありますが、ここでは背景画像として表示する方法を紹介します。任意のエリアの背景に画像を敷くと、他と区別が付きやすくなるだけでなく、特別感を持たせることもできます。

▼HTMLコード

```
<h1>背景</h1>
<p>背景色の効果を見てみましょう。</p>
<div>
<h2>コラム</h2>
<p>div要素の背景にベージュ色を指定し、装飾のための画像を右下に表示しています。</p>
</div>
```

▼CSSコード

```
div{
background-color:beige;
background-image:url(flower.png);
}
```

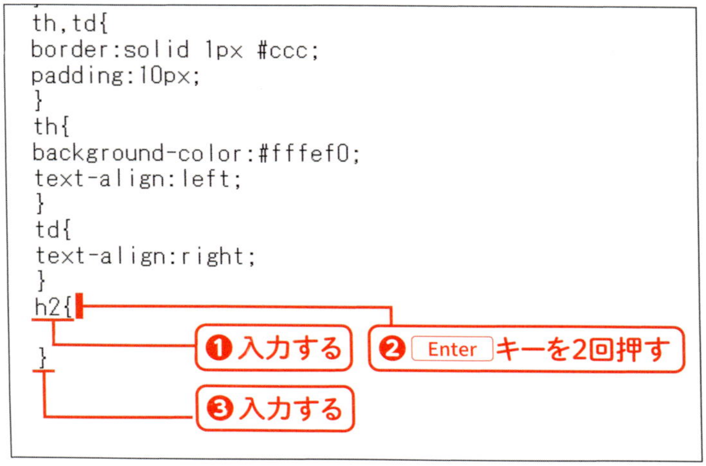

```
th,td{
border:solid 1px #ccc;
padding:10px;
}
th{
background-color:#fffef0;
text-align:left;
}
td{
text-align:right;
}
h2{

}
```

❶入力する ❷ Enter キーを2回押す ❸入力する

1 セレクタを入力する

CSSの最終行に、h2要素を指すためのセレクタ**h2{**を入力し❶、Enter キーを2回押します❷。続けて**}**を入力します❸。

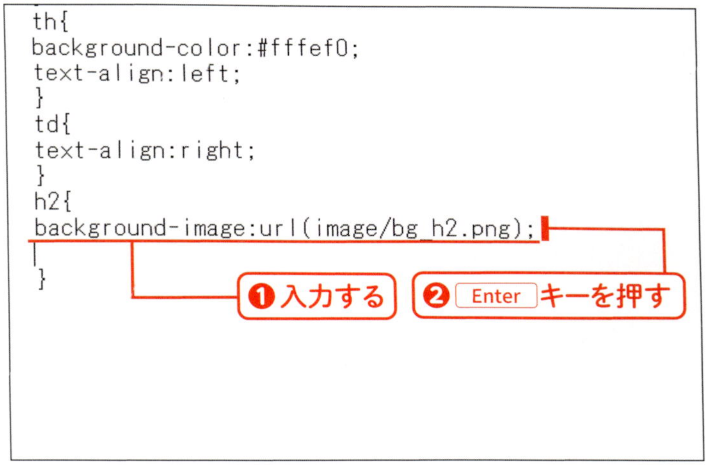

```
th{
background-color:#fffef0;
text-align:left;
}
td{
text-align:right;
}
h2{
background-image:url(image/bg_h2.png);

}
```

❶入力する ❷ Enter キーを押す

2 background-image プロパティと値を入力する

h2{の下の行に**background-image:url(image/bg_h2.png);**を入力し❶、Enter キーを押します❷。background-imageは背景画像を指定するためのプロパティです。url()の(と)の間に画像のパスを記述します。

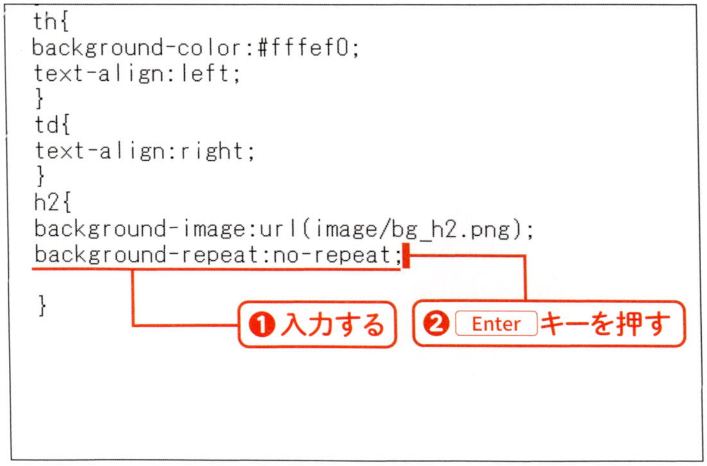

```
th{
background-color:#fffef0;
text-align:left;
}
td{
text-align:right;
}
h2{
background-image:url(image/bg_h2.png);
background-repeat:no-repeat;

}
```

❶入力する ❷ Enter キーを押す

3 background-repeat プロパティと値を入力する

background-repeat:no-repeat;を入力し❶、Enter キーを押します❷。background-repeatは背景画像の繰り返しについて指定するためのプロパティです。値のno-repeatは、背景画像を繰り返さず一度だけ表示するときに指定します。

```
th{
background-color:#fffef0;
text-align:left;
}
td{
text-align:right;
}
h2{
background-image:url(image/bg_h2.png);
background-repeat:no-repeat;
background-position:center bottom;

}
```

❶入力する　❷ Enter キーを押す

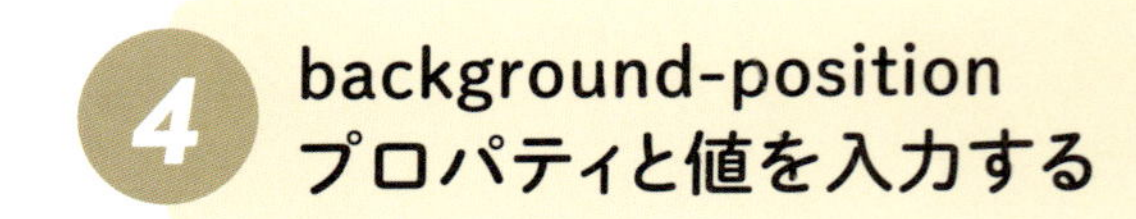

4 background-position プロパティと値を入力する

background-position:center␣bottom; を入力し❶、Enter キーを押します❷。background-positionは背景画像の表示開始位置を指定するためのプロパティです。値がcenter bottomなので、h2要素の水平方向中央、垂直方向の下端に画像が配置されます。

```
th{
background-color:#fffef0;
text-align:left;
}
td{
text-align:right;
}
h2{
background-image:url(image/bg_h2.png);
background-repeat:no-repeat;
background-position:center bottom;
background-size:86px 13px;
}
```

❶入力する

5 background-size プロパティと値を入力する

background-size:86px␣13px; を入力します❶。background-sizeは背景画像のサイズを指定するためのプロパティです。bg_h2.pngの実際のサイズは幅172px、高さ26pxなのですが、このままだと大きすぎるため半分のサイズを指定しました。

6 確認する

[ファイル]メニュー→[保存]の順にクリックしてファイルを上書き保存し、P.42を参考にindex.htmlをGoogle Chromeで開きます。見出しに背景画像が付いたことを確認できます。

CHECK

背景画像に関する指定

● background-repeatプロパティ

繰り返しの有無や繰り返す方向を指定するためのプロパティです。このプロパティが指定されていない場合、背景画像は縦横に繰り返されます。横方向のみに繰り返すにはrepeat-x、縦方向ならrepeat-yを指定しましょう。

```
body{
background-image:url(cat.png);
}
```

● background-positionプロパティ

背景画像の表示位置を指定するためのプロパティです。背景画像を繰り返し表示する際には「最初の１つをどこに置くか」を指定したことになります。表示位置は「横方向の位置␣縦方向の位置」のように指定します。

```
body{
background-image:url(cat.png);
background-repeat:no-repeat;
background-position:right bottom;
}
```

● background-sizeプロパティ

背景画像のサイズを指定するためのプロパティです。数値だけでなくcoverやcontainといったキーワードで指定することも可能です。coverを指定すると、画面全体を覆うよう背景画像のサイズが自動で調整されます。

```
body{
background-image:url(cat.png);
background-repeat:no-repeat;
background-size:cover;
}
```

Lesson 04

影を付けよう

要素に影のような効果を付けることができます。5つの値の組み合わせによって、まったく異なる雰囲気の「影」を付けることができます。

影の指定方法

要素に影のような効果を付けるには、box-shadowプロパティを利用します。box-shadowは「右方向の距離」、「下方向の距離」、「ぼかし距離」、「広がり距離」、「影の色」の5つの値を組み合わせて指定します。
初期状態では光源が左上にある想定なので、影は右および下方向に伸びます。値にマイナスの数値を指定した場合は、影が左および上方向に伸びるため、光源が右下にあるように見えます。いずれにしても、影を付けることで、要素がこちらに飛び出しているような立体感を表現できるのですが、もし奥にへこんでいるような表現に変更したい場合は、6つ目の値としてinsetというキーワードを追加しましょう。

●影の指定

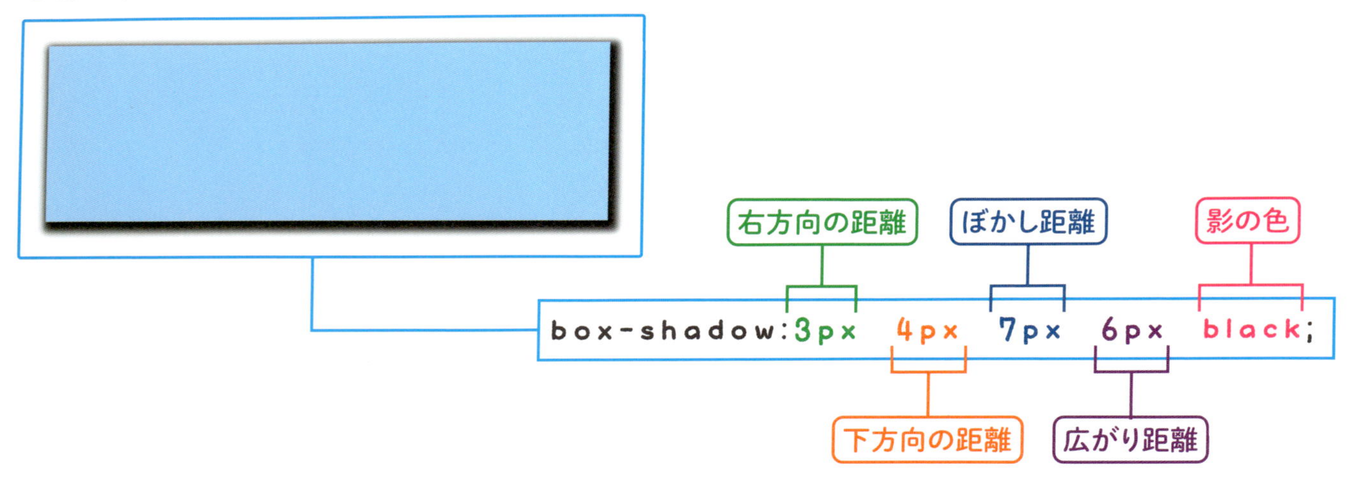

```
td{
text-align:right;
}
h2{
background-image:url(image/bg_h2.png);
background-repeat:no-repeat;
background-position:center bottom;
background-size:86px 13px;
}
section{

}
```

❶入力する ❷ Enter キーを2回押す ❸入力する

1 セレクタを入力する

CSSの最終行に、section要素を指すための**section{**を入力し❶、Enterキーを2回押します❷。続けて**}**を入力します❸。

```
td{
text-align:right;
}
h2{
background-image:url(image/bg_h2.png);
background-repeat:no-repeat;
background-position:center bottom;
background-size:86px 13px;
}
section{
box-shadow:0 0 10px 0 #ccc;
}
```

❶入力する

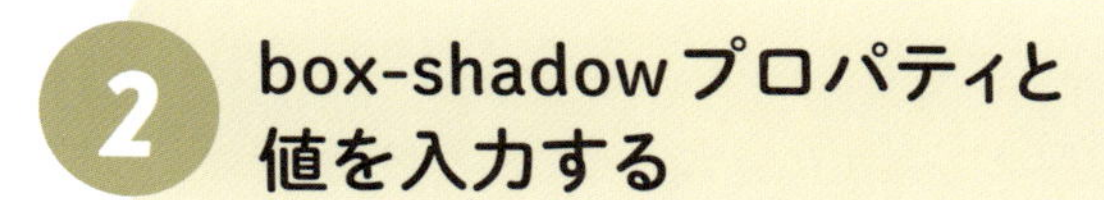

2 box-shadowプロパティと値を入力する

box-shadow:0␣0␣10px␣0␣#ccc;をsection{の下の行に入力します❶。box-shadowは要素に影を付けるためのプロパティです。影を右にも下にも伸ばさず(0␣0)、少しぼかし(10px)、影の広がりは無く(0)、薄いグレー(#ccc)を影の色として指定することで、section要素の周囲にまんべんなく影がぼかされたような効果が付きます。

3 確認する

[ファイル]メニュー→[保存]の順にクリックしてファイルを上書き保存し、Google Chromeの更新ボタンをクリックします。section要素に影が付いていることを確認できます。

Lesson 05

余白を付けよう

適切な余白は、レイアウトの美しさや文章の読みやすさにおいて重要なポイントです。余白を付けるためのプロパティにはmarginとpaddingの2種類があります。それぞれの特徴を理解して、適切に使い分けましょう。

margin と padding の違い

下の図は、CSSレイアウトに不可欠ないくつかのプロパティの関係を表した図です。ここで注目したいのは、要素に枠線を付けるためのborderプロパティ（P.151参照）と、paddingおよびmarginプロパティとの関係です。この図のとおり、paddingプロパティで付けた余白は枠線の内側、marginプロパティで付けた余白は枠線の外側に付きます。また、背景を付けるためのbackgroundプロパティとの関係にも注意してください。paddingで付けた余白には背景（水玉模様）の指定が影響しますが、marginで付けた余白には影響しません。

枠線と余白、または背景と余白を同時に指定する際には、marginプロパティとpaddingプロパティのどちらがふさわしいのか判断する必要があります。

●ボックスモデル

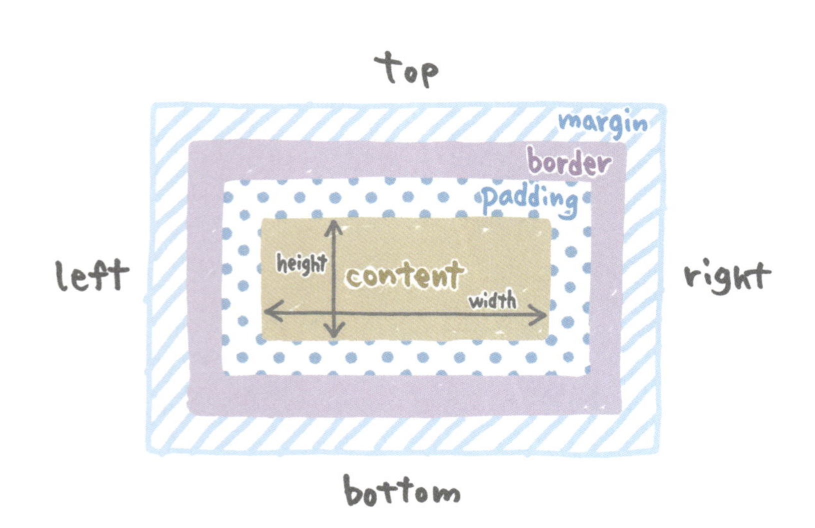

```
td{
text-align:right;
}
h2{
background-image:url(image/bg_h2.png);
background-repeat:no-repeat;
background-position:center bottom;
background-size:86px 13px;
}
section{
box-shadow:0 0 10px 0 #ccc;
margin-top:40px;
}
```

❶ Enter キーを押す
❷ 入力する

1 margin-topプロパティと値を入力する

box-shadow:0␣0␣10px␣0␣#ccc;の直後をクリックして Enter キーを押し❶、**margin-top:40px;**を入力します❷。margin-topは、**要素の上部**に余白を付けるためのプロパティです。

```
td{
text-align:right;
}
h2{
background-image:url(image/bg_h2.png);
background-repeat:no-repeat;
background-position:center bottom;
background-size:86px 13px;
}
section{
box-shadow:0 0 10px 0 #ccc;
margin-top:40px;
padding-top:10px;
}
```

❶ Enter キーを押す
❷ 入力する

2 padding-topプロパティと値を入力する

margin-top:40px;の直後をクリックして Enter キーを押し❶、**padding-top:10px;**を入力します❷。padding-topは、**要素内の上部**に余白を付けるためのプロパティです。

```
td{
text-align:right;
}
h2{
background-image:url(image/bg_h2.png);
background-repeat:no-repeat;
background-position:center bottom;
background-size:86px 13px;
}
section{
box-shadow:0 0 10px 0 #ccc;
margin-top:40px;
padding-top:10px;
padding-right:20px;
}
```

❶ Enter キーを押す
❷ 入力する

3 padding-rightプロパティと値を入力する

padding-top:10px;の直後をクリックして Enter キーを押し❶、**padding-right:20px;**を入力します❷。padding-rightは、**要素内部の右側**に余白を付けるためのプロパティです。

```
h2{
background-image:url(image/bg_h2.png);
background-repeat:no-repeat;
background-position:center bottom;
background-size:86px 13px;
}
section{
box-shadow:0 0 10px 0 #ccc;
margin-top:40px;
padding-top:10px;
padding-right:20px;
padding-bottom:10px;
}
```

❶ Enter キーを押す
❷ 入力する

4 padding-bottom プロパティと値を入力する

padding-right:20px;の直後をクリックして Enter キーを押し❶、**padding-bottom:10px;**を入力します❷。padding-bottomは、**要素内の下部**に余白を付けるためのプロパティです。

```
h2{
background-image:url(image/bg_h2.png);
background-repeat:no-repeat;
background-position:center bottom;
background-size:86px 13px;
}
section{
box-shadow:0 0 10px 0 #ccc;
margin-top:40px;
padding-top:10px;
padding-right:20px;
padding-bottom:10px;
padding-left:20px;
}
```

❶ Enter キーを押す
❷ 入力する

5 padding-left プロパティと値を入力する

padding-bottom:10px;の直後をクリックして Enter キーを押し❶、**padding-left:20px;**を入力します❷。padding-leftは、**要素内部の左側**に余白を付けるためのプロパティです。

6 確認する

[ファイル] メニュー→[保存] の順にクリックしてファイルを上書き保存し、Google Chromeの更新ボタンをクリックします。section要素の上部に40pxの余白、section要素の内側に10pxおよび20pxの余白が付いていることを確認できます。

CHECK

ショートハンドプロパティ

CSSファイルの行数は、いつの間にかどんどん増えていくものです。実際にサイトを制作してみると、気づいたときには数百行、場合によっては数千行に及んでしまうこともあります。行数が膨大なコードは、あとから手を加える際に該当箇所を見つけるのに手間取ったりするため、「見とおしが悪いコード」などといわれます。「見とおしのよいコード」にするためには、不要なコードは記述しない（テスト的に記述したコードの消し忘れに注意！）、同一箇所への重複指定を避けるといったポイントを心がけましょう。また、ショートハンドプロパティを使うと、複数の値を一度に指定できるため、それだけで数行のCSSコードが省略できます。

● marginプロパティ

ショートハンドプロパティの値は、半角スペースで区切って記述します。paddingプロパティもmarginと同じように指定できます。

記述例	表示結果
margin:10px	すべての辺に10pxの余白が付く
margin:10px 20px	上下に10px、左右に20pxの余白が付く
margin:10px 20px 30px	上10px、左右に20px、下に30pxの余白が付く
margin:10px 20px 30px 40px	上10px、右に20px、下に30px、左に40pxの余白が付く

● backgroundプロパティ

背景関連のスタイルを指定する際にもショートハンドを使って記述できます。ただし、まとめすぎると逆にわかりづらくなる場合もあるので、最初のうちは1つ1つ個別のプロパティで指定するほうがよいかもしれません。

```
background-color:#ccc;
background-image:url(bg.png);
background-repeat:no-repeat;
background-position:left top;
```

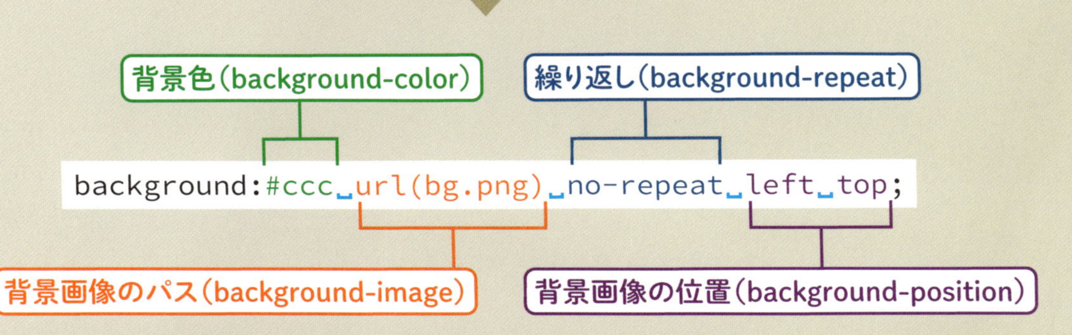

Lesson 06

角を丸めよう

テキストの周囲に付けた枠線や、画像の四隅を丸くすることで、やわらかい雰囲気を演出できます。丸みを小さくすればシャープな印象に、丸みを大きくすればかわいらしい印象になります。

丸みを指定する

角を丸めることで、親しみやすい印象のデザインになります。丸みを付けられるのは、画像の他、枠線や背景色が指定された要素や影が付いた要素などです。四隅の丸みをそれぞれ異なる指定にすることで、複雑な形状を作ることも可能です。border-radiusプロパティで指定できるのは、四隅に配置する丸み（円）の半径です。値を1つだけ指定すれば、四隅に同じサイズの円を配置することになります。異なるサイズの円を配置する場合には、4つの値を指定します。

●四隅の丸みの指定

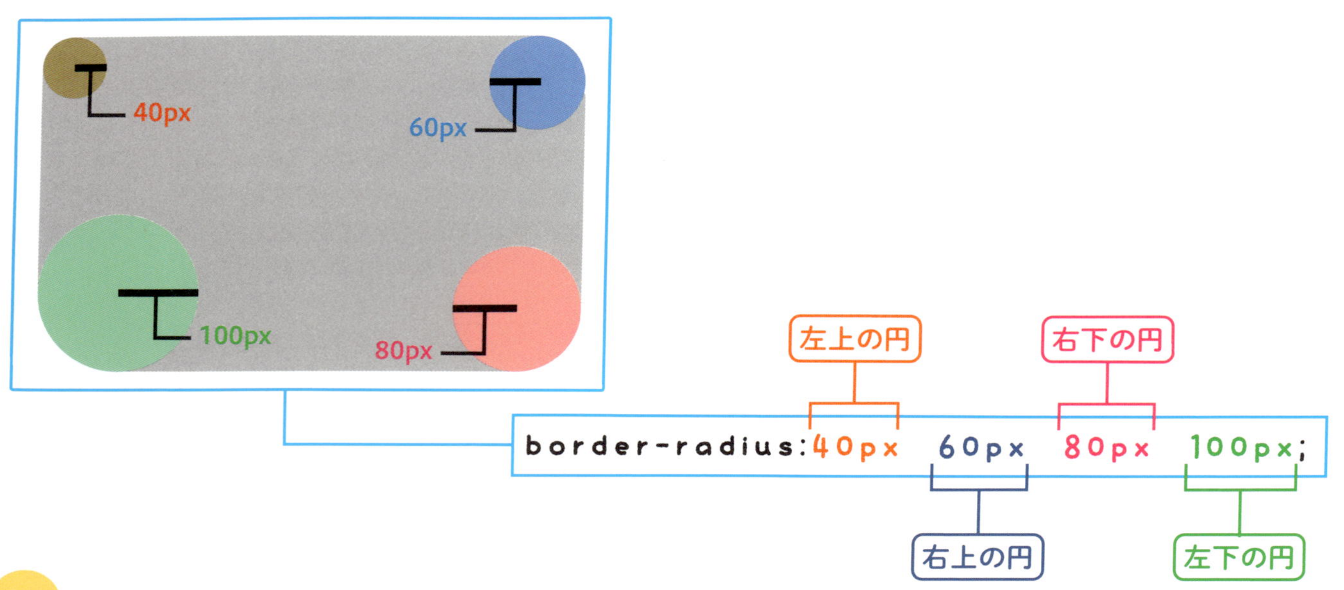

```
background-size:86px 13px;
}
section{
box-shadow:0 0 10px 0 #ccc;
margin-top:40px;
padding-top:10px;
padding-right:20px;
padding-bottom:10px;
padding-left:20px;
}
dd img{

}
```

❶入力する　❷ Enter キーを2回押す　❸入力する

1 セレクタを入力する

ITEMページの写真（img要素）の角を丸めます。CSSの最終行に**dd␣img{**を入力し❶、Enter キーを2回押します❷。続けて**}**を入力します❸。dd␣imgは子孫セレクタで、dd要素の中のimg要素という意味です。ここでは商品写真を指しています。

```
background-size:86px 13px;
}
section{
box-shadow:0 0 10px 0 #ccc;
margin-top:40px;
padding-top:10px;
padding-right:20px;
padding-bottom:10px;
padding-left:20px;
}
dd img{
border-radius:6px;
}
```

❶入力する

2 border-radiusプロパティと値を入力する

dd img{の下の行に**border-radius:6px;**を入力します❶。画像の四隅に半径6pxの丸みを持たせることになります。

3 確認する

［ファイル］メニュー→［保存］の順にクリックしてファイルを上書き保存し、P.42を参考にitem.htmlをGoogle Chromeで開きます。画像の周囲に丸みが付いていることを確認できます。

練習問題

問題1 次の空欄A～Dにあてはまる語句を答えなさい。

枠線は、border 関連のプロパティで指定します。枠線を付ける方向を指定するためのプロパティの例としてborder-top がありますが、このプロパティを使うと、任意の要素の［ A ］辺に線を付けることができます。そのほか、線の種類を指定するための［ B ］プロパティ、線の太さを指定するための［ C ］プロパティ、線の色を指定するための［ D ］などがあります。

問題2 次の空欄E～Iにあてはまる語句を答えなさい。

背景色を指定するには［ E ］プロパティ、背景画像を指定するには［ F ］プロパティを利用します。背景画像に関しては細かい指定も可能です。繰り返しの有無や繰り返す方向を指定するための［ G ］プロパティ、背景画像の表示開始位置を指定するための［ H ］プロパティ、背景画像のサイズを指定するための［ I ］プロパティがあります。

問題3 以下のCSSコードを適用したときに、ウェブブラウザでp要素を表示するのに必要な幅（単位：px）を答えなさい。

```
p {
width:300px;
padding:20px;
border:10px solid red;
}
```

問題4 次の空欄J～Kにあてはまる語句を答えなさい。

marginやpadding、borderやbackgroundなど、複数の値を一度に指定できるプロパティの書き方を［ J ］といいます。［ J ］プロパティの値は、それぞれ［ K ］で区切って記述します。

▶解答はP.188

Chapter

9

モバイル・SNS対応して公開しよう

スマートフォンやタブレットといったモバイル端末と、パソコンとの大きな違いは画面の大きさです。また、一般的にパソコンやタブレットの画面が横長なのに対し、スマートフォンは「縦持ち(ポートレイトモード)」で利用されることが多いため、画面の長辺が異なる点も考慮しなくてはいけません。パソコンだけでなく、画面の小さな端末でも快適に利用できるようにするため、モバイル対応は必須といっていいでしょう。また、自分のウェブサイトがSNSで紹介されたときのための準備も済ませておきましょう。SNSからウェブサイトを訪問してくれる人が増えるかもしれません。

モバイル・SNS対応して公開しよう

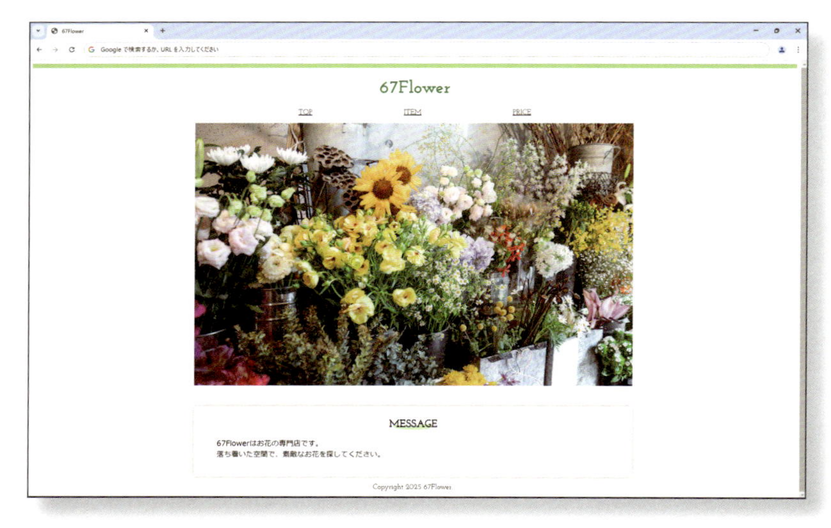

この章のポイント

POINT

1 モバイル対応

P.174

スマートフォンやタブレットで見ている人のために、モバイルデバイス対応の方法を学びます。

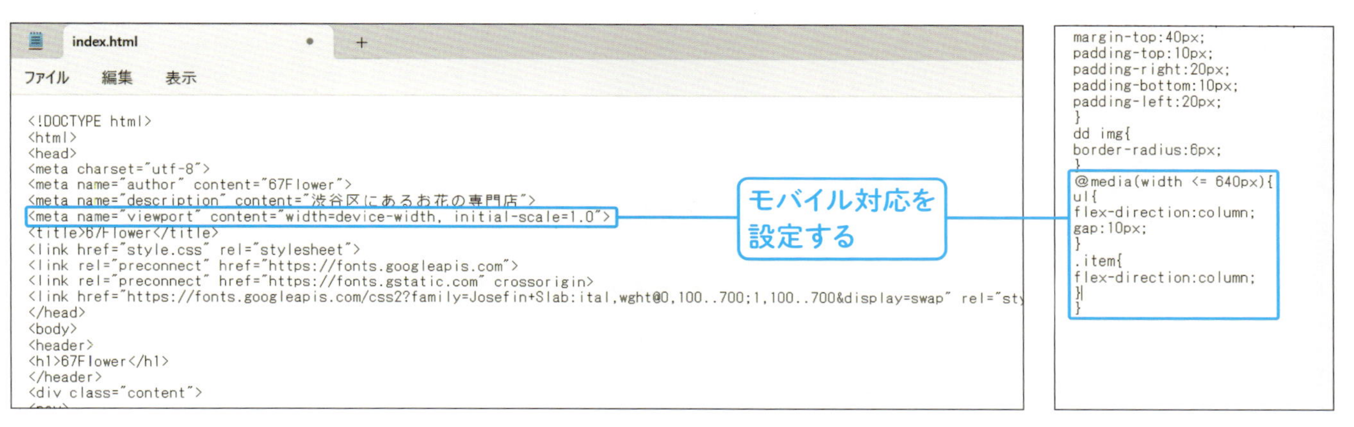

POINT

2 SNS対応

P.180

SNSと連携するにあたって記述しておきたい情報の設定方法を学びます。

POINT

3 ファイルのアップロード

P.184

ウェブサーバにウェブサイトを構成するファイル一式をアップロードします。

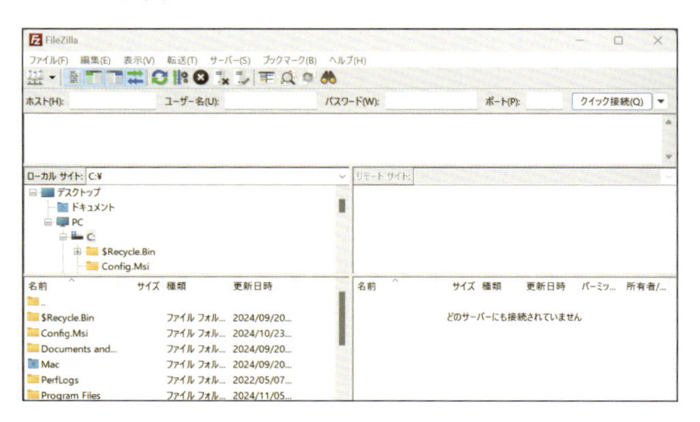

Lesson 01 モバイル対応しよう

ここまでは大きな画面で閲覧することを前提としたウェブページの制作を進めてきましたが、最後にひと手間かけて、スマートフォンや小さめのタブレットなどのモバイル端末にも対応しましょう。

モバイル対応とは

ウェブサイトの多くは、主にスマートフォンやタブレットで閲覧されます。しかし制作作業はパソコン上で行われるため、まずはパソコンの画面でバランス良く表示されるページを作成し、もしモバイル端末の小さな画面で表示したときに不具合が起こるようなら最後に調整するのが一般的な流れです。モバイル対応のポイントは、以下の2つです。

● ビューポート（viewport）の設定

ビューポート＝表示領域の設定をしないままだと、スマートフォンはPC用の大きなウェブページを縮小して表示しようとします。HTMLに以下のコードを追加しておくと、「テキストが小さすぎて読めない」といった事態を防ぐことができます。

```
<meta␣name="viewport"␣content="width=device-width,␣initial-scale=1.0">
```

width=device-width：端末にあらかじめ設定されたビューポート幅に準じる

initial-scale=1.0：ページを最初に読み込んだときの表示倍率を「1.0」にする（拡大も縮小もしない）

● CSSの切り替え

大きな画面用のCSSとは別に小さな画面用のCSSを用意して、画面サイズに合わせてCSSを切り替えます。大きな画面で横並びに配置している要素を小さな画面では縦並びにするなど、画面サイズによってレイアウトを変更することで、どんな端末でも見やすいウェブページを提供できます。

1 viewportを設定する

P.40～41を参考にindex.htmlをメモ帳（Macの場合はテキストエディット）で開きます。<title>67Flower</title>の直前をクリックして **<meta name="viewport" content="width=device-width, initial-scale=1.0">** を入力し❶、Enter キーを押します❷。［ファイル］メニュー→［保存］の順にクリックして、ファイルを上書き保存します。

index.html

ファイル　編集　表示

```
<!DOCTYPE html>
<html>
<head>
<meta charset="utf-8">
<meta name="author" content="67Flower">
<meta name="description" content="渋谷区にあるお花の専門店">
<meta name="viewport" content="width=device-width, initial-scale=1.0">
<title>67Flower</title>
<link href="style.css" rel="stylesheet">
<link rel="preconnect" href="https://fonts.googleapis.com">
<link rel="preconnect" href="https://fonts.gstatic.com" crossorigin>
<link href="https://fonts.googleapis.com/css2?family=Josefin+Slab:ital,wght@0
</head>
<body>
<header>
<h1>67Flower</h1>
</header>
<div class="content">
<nav>
<ul>
<li><a href="index.html">TOP</a></li>
<li><a href="item.html">ITEM</a></li>
```

❶入力する　❷ Enter キーを押す

2 .contentセレクタを探す

P.111を参考にstyle.cssをメモ帳（Macの場合はテキストエディット）で開きます。.contentに適用されているスタイルを変更したいので、すでに記述済みの.contentセレクタを探します。

style.css

ファイル　編集　表示

```
h1{
color:green;
font-size:250%;
}
.content{
width:960px;
margin-right:auto;
margin-left:auto;
}
img{
max-width:100%;
```

.contentセレクタ

3 プロパティを変更する

width:960px;のプロパティを **widthからmax-widthに変更し**❶、ファイルを上書き保存します。max-widthは、幅の最大値を指定するためのプロパティです。プロパティを変更することにより、ウェブブラウザの幅が960px以下になった場合には.contentの幅が自動的に縮小されるようになります。

4 item.htmlを編集する

P.71を参考にitem.htmlをメモ帳（Macの場合はテキストエディット）で開きます。手順❶と同じようにmeta要素を入力し❶、［ファイル］メニュー→［保存］の順にクリックして、ファイルを上書き保存します。

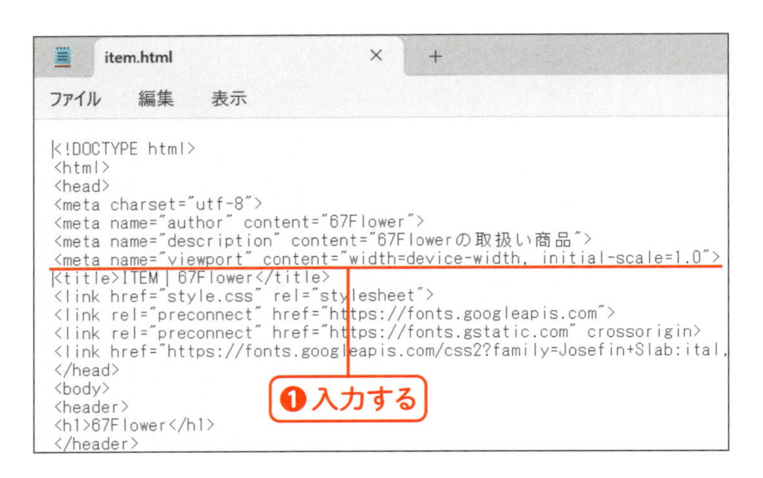

5 price.htmlを編集する

P.71を参考にprice.htmlをメモ帳（Macの場合はテキストエディット）で開きます。手順❹と同じようにmeta要素を入力し❶、ファイルを上書き保存します。

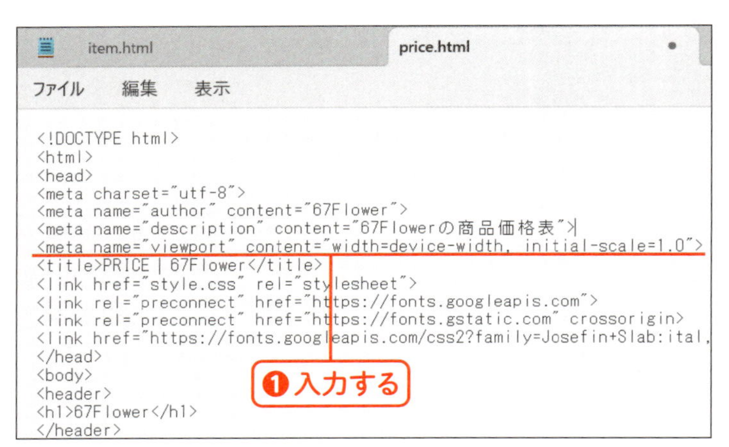

6 デベロッパーツールを起動する

P.42を参考にindex.htmlをGoogle Chromeで開きます。モバイル端末での表示を確認するため、Google Chromeの「Google Chromeの設定」ボタンをクリックして❶、［その他のツール］→［デベロッパー ツール］（Macでは［表示］→［開発／管理］→［デベロッパー ツール］）の順にクリックします❷。

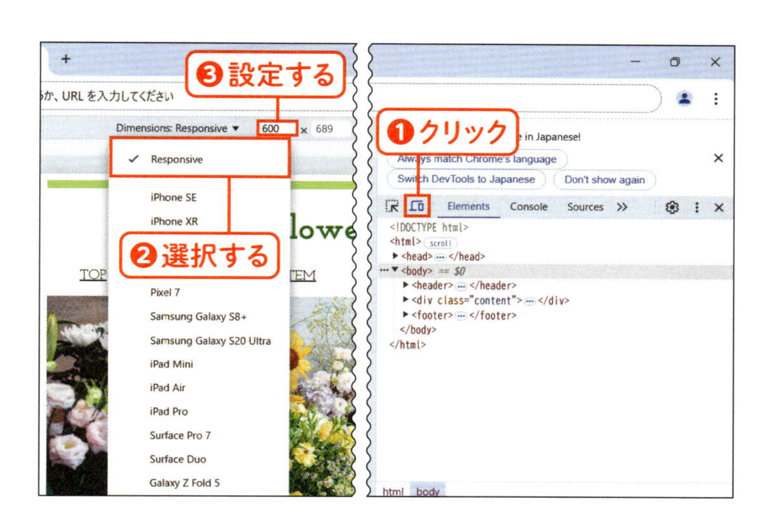

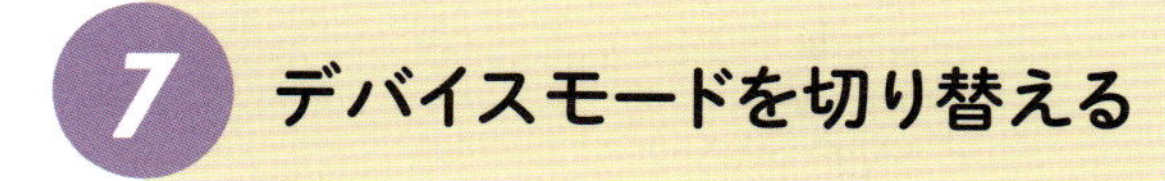

7 デバイスモードを切り替える

デバイスモードの切り替えボタンをクリックし❶、「Dimensions」メニューからResponsiveを選択して❷、ビューポートの幅を600に設定します❸。画面の幅が600pxの端末で表示した状態を確認できます。

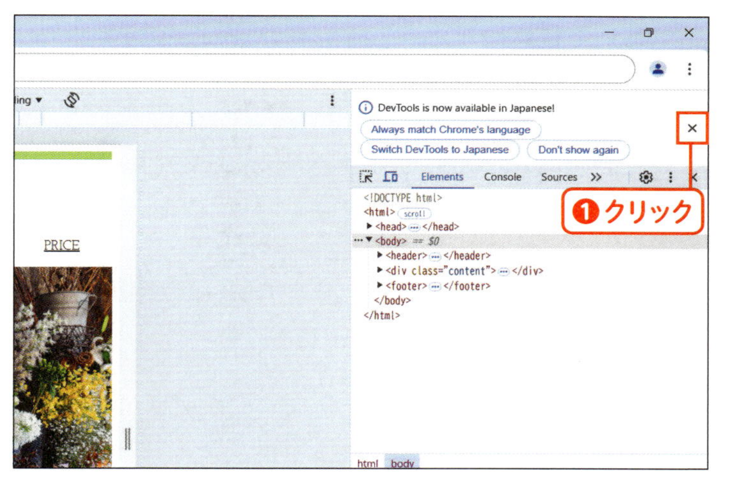

8 デベロッパーツールを終了する

テキストが縮小されることなく、それでいて画像などがほど良くフィットした状態で表示されていることを確認したら、Closeボタンをクリックして❶、デベロッパーツールを終了します。

```
margin-top:40px;
padding-top:10px;
padding-right:20px;
padding-bottom:10px;
padding-left:20px;
}
dd img{
border-radius:6px;
}
@media(width <= 640px){

}
```

❶入力する　❷ Enter キーを2回押す　❸入力する

9 @mediaアットルールを入力する

CSSの最終行に**@media(width␣<=␣640px){**を入力し❶、Enterキーを2回押します❷。続けて**}**を入力します❸。

@mediaの後ろに続く()内に、CSSを適用する端末の条件を記述します。width <= 640pxは「ビューポート幅が640px以下」という意味です。

```
margin-top:40px;
padding-top:10px;
padding-right:20px;
padding-bottom:10px;
padding-left:20px;
}
dd img{
border-radius:6px;
}
@media(width <= 640px){
ul{

}
}
```

❶入力する　❷ Enter キーを2回押す　❸入力する

10 セレクタを入力する

「640px以下のビューポート幅を持つ端末で表示されたときにナビゲーションメニューをどのように表示するか」のスタイルを指定します。@media(width <= 640){の下の行に**ul{**を入力し❶、 Enter キーを2回押します❷。続けて**}**を入力します❸。

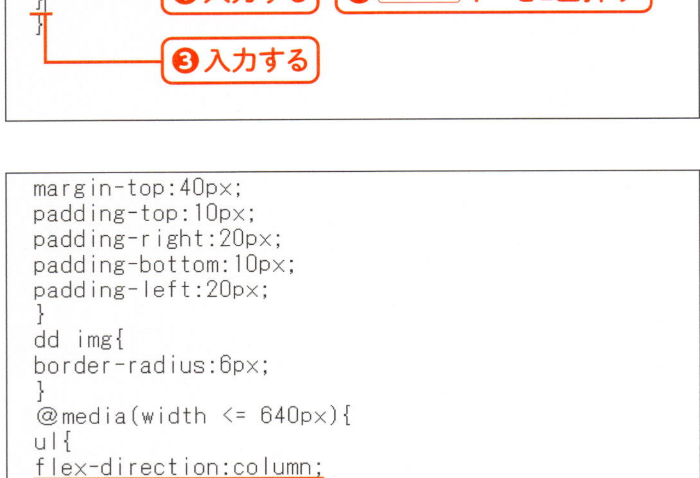
margin-top:40px;
padding-top:10px;
padding-right:20px;
padding-bottom:10px;
padding-left:20px;
}
dd img{
border-radius:6px;
}
@media(width <= 640px){
ul{
flex-direction:column;
}
}
❶入力する

11 flex-directionプロパティと値を入力する

ul{の下の行に**flex-direction:column;**を入力します❶。ul要素はもともと「フレックスコンテナー」として定義されていますが、主軸の向きを左→右から上→下に変更することで、li要素を横並びから縦並びに切り替えます。

```
margin-top:40px;
padding-top:10px;
padding-right:20px;
padding-bottom:10px;
padding-left:20px;
}
dd img{
border-radius:6px;
}
@media(width <= 640px){
ul{
flex-direction:column;
gap:10px;
}
}
```

❶ Enter キーを押す　❷入力する

12 gapプロパティと値を入力する

flex-direction:column;の直後で Enter キーを押し❶、**gap:10px;**を入力します❷。640px以下のビューポート幅を持つ端末で表示されたときに、アイテム間のスペースを200pxから10pxに切り替えます。

MEMO

サンプルファイルの完成版には、他にもモバイル対応用のスタイルが記述されているので確認してください。

```
dd img{
border-radius:6px;
}
@media(width <= 640px){
ul{
flex-direction:column;
gap:10px;
}
.item{
flex-direction:column;
}
}
```

❶入力する

13 .itemのスタイルを入力する

640px以下のビューポート幅を持つ端末でITEMページが表示されたときに説明リストを横並びから縦並びに切り替えるため、セレクタ **.item** と **flex-direction:column;** を追加で入力します❶。

14 確認する

［ファイル］メニュー→［保存］の順にクリックしてファイルを上書き保存し、Google Chromeの更新ボタンをクリックします。P.176手順❻～P.177手順❼を参考に、画面の幅が640px以下の端末で表示した状態を確認します。

CHECK

メディアクエリー

メディアクエリーとは、ウェブページを表示しているデバイスの特徴を確認する方法です。画面の大きさはどのくらいなのか、タッチスクリーンなのかマウスで操作するのか、スマートフォンなら縦持ちなのか横持ちなのか。デバイスの種類や性能によって異なるCSSを適用することで、より快適にウェブページを閲覧してもらえるようになります。

● **メディアクエリーの例**

```
@media (400px <= width < 600px) {
/* 幅400px以上600px未満の画面を持つ端末用のCSSを記述 */
}

@media (orientation:portrait) {
/* スマートフォンを「縦持ち」しているときのCSSを記述 */
}
```

Lesson 02

SNS対応しよう

自分のウェブサイトがLINEやFacebookなどのSNS（ソーシャルネットワーキングサービス）で紹介されたときの「ふるまい」は、「OGP」で設定できます。

OGPとは

OGP（Open Graph Protocol）は、自分のウェブページがSNSでシェアされたときに表示される情報を設定するためのしくみです。OGPを利用すると、任意の概要文やアイキャッチ画像を表示できるため、SNS経由でウェブページを訪問してくれる人を増やせるかもしれません。もちろん、OGPを利用せずにウェブサイトを制作しても問題はありません。なお、OGPの詳細は、公式サイトhttps://ogp.me/にて確認できます。

EXAMPLE.COM
67Flower
渋谷区にあるお花の専門店
ページタイトル
<meta property="og:title" content="67Flower">
ページの種類
<meta property="og:type" content="website">
ページのURL
<meta property="og:url" content="https://www.example.com">
アイキャッチ画像のパス
<meta property="og:image" content="image/ogimage.jpg">
概要文
<meta property="og:description" content="渋谷区にあるお花の専門店">

```
index.html
ファイル　編集　表示

<!DOCTYPE html>
<html prefix="og:https://ogp.me/ns#">
<head>
<meta charset="utf-8">
<meta name="author" content="67Flower">
<meta name="d              ent="渋谷区にあるお花の専門店">
<meta name="v              ="width=device-width, initial-scale=1
<title>67Flower</title>
<link href="style.css" rel="stylesheet">
<link rel="preconnect" href="https://fonts.googleapis.com">
<link rel="preconnect" href="https://fonts.gstatic.com" crossorigi
<link href="https://fonts.googleapis.com/css2?family=Josefin+Slab:
</head>
<body>
<header>
<h1>67Flower</h1>
</header>
```

❶入力する

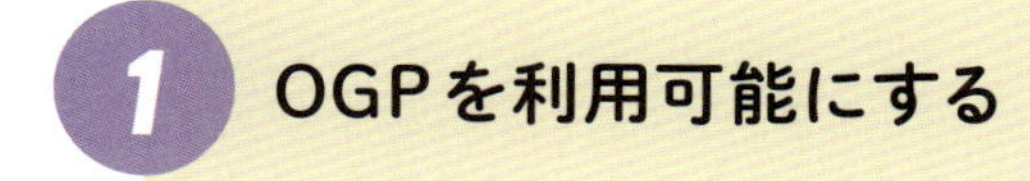

1 OGPを利用可能にする

P.40～41を参考にindex.htmlをメモ帳（Macの場合はテキストエディット）で開きます。<html>の>の直前に **prefix="og: https://ogp.me/ns#"** を入力します❶。この記述により、OGPが利用可能になります。

```
index.html
ファイル　編集　表示

<!DOCTYPE html>
<html prefix="og:https:
<head>
<meta charset="utf-8">
<meta name="author" content="67Flower">
<meta name="description" content="渋谷区にあるお花の専門店">
<meta property="og:title" content="67Flower">
<meta name="viewport" content="width=device-width, initial-scale=1
<title>67Flower</title>
<link href="style.css                 ">
<link rel="preconnect"               onts.googleapis.com">
<link rel="preconnect" href="https://fonts.gstatic.com" crossorigi
<link href="https://fonts.googleapis.com/css2?family=Josefin+Slab:
</head>
<body>
<header>
<h1>67Flower</h1>
```

❶クリック　❷ Enter キーを押す　❸入力する

2 og:titleを入力する

<meta name="description" content="渋谷区にあるお花の専門店">の直後をクリックして❶、Enter キーを押し❷、**<meta property="og:title" content="67Flower">** を入力します❸。これにより、SNSが「このページのタイトルは『67Flower』」と見なすようになります。

```
index.html
ファイル　編集　表示

<!DOCTYPE html>
<html prefix="og:https:
<head>
<meta charset="utf-8">
<meta name="author" content="67Flower">
<meta name="description" content="渋谷区にあるお花の専門店">
<meta property="og:title" content="67Flower">
<meta property="og:type" content="website">
<meta name="viewport" content="width=device-width, initial-scale=1
<title>67Flower</title>
<link href="style.css                 ">
<link rel="preconnect"               onts.googleapis.com">
<link rel="preconnect" href="https://fonts.gstatic.com" crossorigi
<link href="https://fonts.googleapis.com/css2?family=Josefin+Slab:
</head>
<body>
<header>
```

❶クリック　❷ Enter キーを押す　❸入力する

3 og:typeを入力する

<meta property="og:title" content="67Flower">の直後をクリックして❶、Enter キーを押し❷、**<meta property="og:type" content="website">** を入力します❸。SNSが「このページはウェブサイトのトップページ」と見なすようになります。

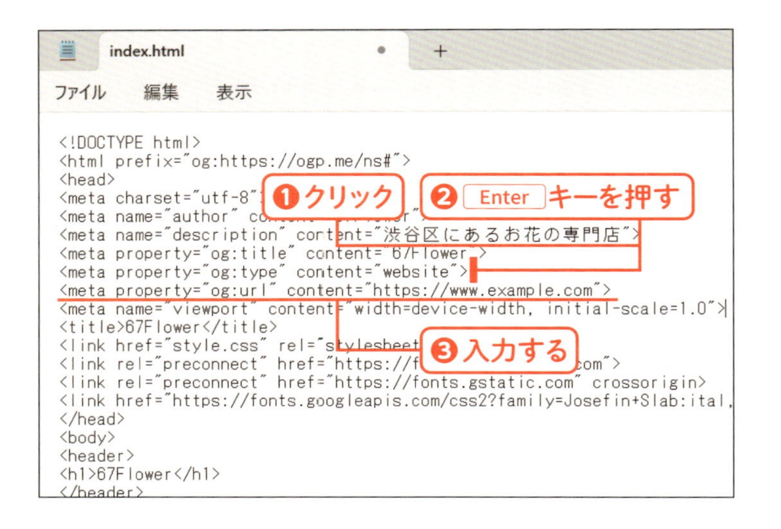

4 og:urlを入力する

<meta␣property="og:type"␣content="website">の直後をクリックして❶、Enter キーを押し❷、**<meta␣property="og:url"␣content="https://www.example.com">**を入力します❸。SNSが「このページのURLはhttp://www.example.com」と見なすようになります。自分のページを作成するときは、実際のURLに書き換えてください。

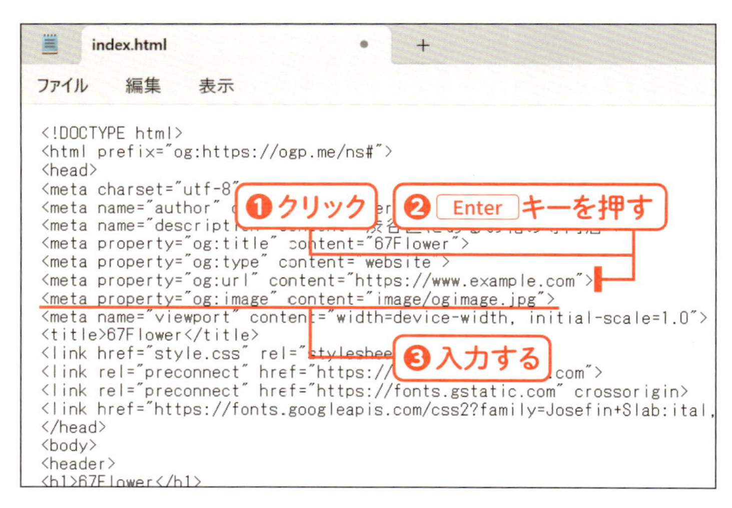

5 og:imageを入力する

<meta␣property="og:url"␣content="http://www.example.com">の直後をクリックして❶、Enter キーを押し❷、**<meta␣property="og:image"␣content="image/ogimage.jpg">**を入力します❸。SNSでシェアされたときに、アイキャッチ画像としてogimage.jpgを表示します。

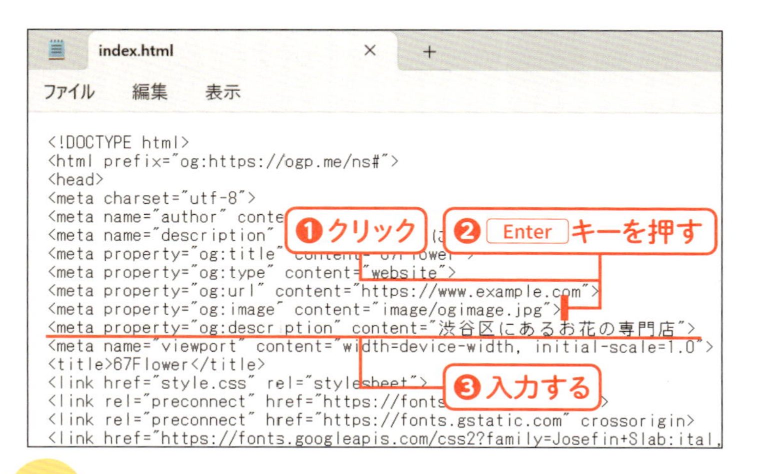

6 og:descriptionを入力する

<meta␣property="og:image"␣content="image/ogimage.jpg">の直後をクリックして❶、Enter キーを押し❷、**<meta␣property="og:description"␣content="渋谷区にあるお花の専門店">**を入力します❸。SNSでシェアされたときに、ページの概要文として扱われます。

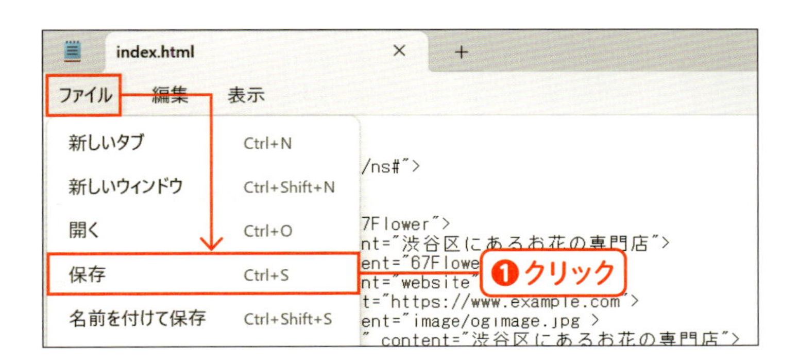

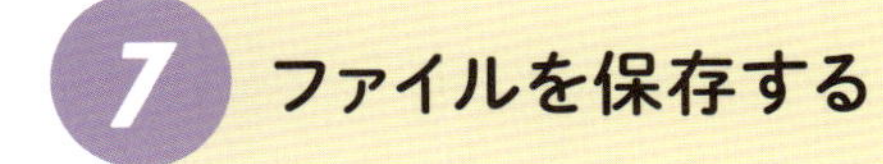

7 ファイルを保存する

入力し終わったら、メモ帳の［ファイル］メニュー→［保存］の順にクリックして❶、ファイルを上書き保存します。

CHECK

きめ細やかな対応のために

「SNS」とひとくちに言っても、OGPの対応状況はさまざまです。たとえばX（旧Twitter）では、OGPだけでなく独自の「カード」と呼ばれる情報も併せて記述することを推奨しています。なお、SNSの仕様は日々更新されているので、実際に記述する際には最新の情報を調べるようにしてください。

●「カード」の記述例

summary、summary_large_image、app、playerのいずれか

```
<meta name="twitter:card" content="summary_large_image">
<meta name="twitter:creator" content="@elonmusk">
```

自分のアカウント（あれば）

▲Xでの投稿イメージ

●アイキャッチ画像の大きさ

推奨されるアイキャッチ画像の大きさはSNSごとに異なります。また、同じSNSであってもPCのブラウザで表示するのかスマートフォンのアプリで表示するのかによって求められる画像の大きさが変わってくるのですが、ひとまず最大公約数的なサイズは1200×630pxとされています（2025年1月現在）。SNSによっては画像の左右がトリミングされる可能性があるため、重要な被写体や文字情報は画像の中央に配置しておいた方が良いでしょう。

●X

最小サイズ	最大サイズ	ファイルサイズ
144×144px	4096×4096px	5MB以下

●Facebook

最小サイズ	最大サイズ	ファイルサイズ
200×200px	1200×630px以上	8MB以下

※本書執筆時点の公式情報より

Lesson 03 ファイルをアップロードしよう

ウェブサイトが完成したら、「FTPクライアント」呼ばれるアプリケーションでウェブサーバに接続し、データをアップロードします。いよいよ、インターネットに自作のサイトが公開されます。

インターネットに公開するには

完成したウェブサイトを公開するには、ウェブサーバを準備してファイルをアップロードする必要があります。ただしウェブサーバの構築や管理には専門的な知識を求められるため、レンタルサービスを利用するのが一般的です。ウェブサーバのレンタルは、アパートの一室を借りるようなものです。契約を済ませて自分の部屋を手に入れたら、自作の絵を飾ったり売り物を並べたりして（＝データのアップロード）、お客さまを呼ぶ（＝ウェブサイトを公開する）準備を整えましょう。

また、ウェブサイトを広く知ってもらうには、ウェブサーバのアドレス（住所）を覚えてもらうのがポイントです。しかしサーバのレンタル元から割り当てられるアドレスは覚えづらいことが多いので、多くのウェブサイトは○○.comや△△.netといった、独自ドメインと呼ばれるオリジナルのアドレスに置き換えています。独自ドメインはドメインレジストラを通して取得します。なお、ドメインの取得は基本的に早い者勝ちです。魅力的なドメインを思いついたら、急いで取得しましょう。.comドメインなら年額1,000円前後で取得・維持できます。

ウェブページが表示されるしくみ

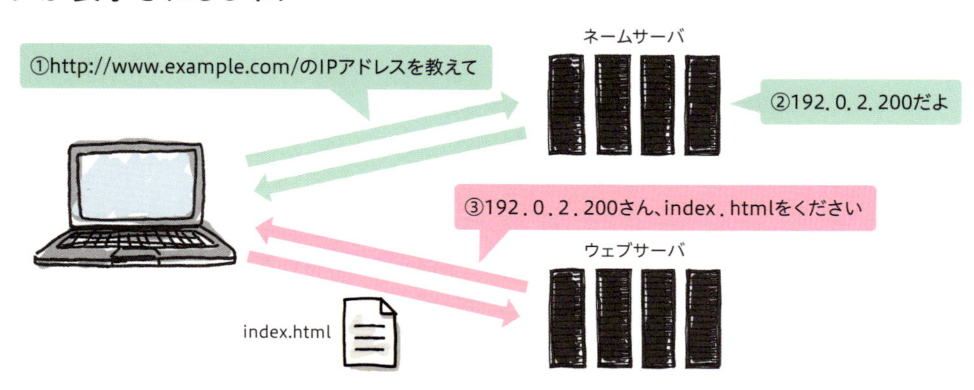

ファイルをアップロードする

ウェブサーバを準備したら、データ一式をアップロードしましょう。この作業には、ファイル転送専用のアプリケーションを利用します。こうしたアプリケーションはFTPクライアントと総称されます。FTPとはファイル転送のためのプロトコル（規約）に付けられた名前ですが、FTPプロトコルにのっとってやり取りされるデータは暗号化されないため、セキュリティ面での脆弱性が指摘されています。ウェブサーバにログインするためのパスワードやデータを盗み見されるのも心配ですが、もっと怖いのはウェブサーバ上のデータを改ざんされることです。最悪の場合、あなたのウェブサイトを通してウィルスをばらまいてしまう可能性もあります。そこで本書では、FTPではなくFTPS やSFTPといった安全なプロトコルに対応したアプリケーションを利用することをおすすめします。レンタルサービスを選ぶ際にも、FTPSやSFTPに対応している会社から探すようにしましょう。

CHECK

実際にアップロードしてみよう

自分のウェブサイトが完成したら、すぐにでも公開して、たくさんの人に見てもらいたいものですね。FTPクライアントの設定方法や使い方は、技術評論社のウェブサイトで確認できます。なお、本書で紹介するFTPクライアントはFileZillaです。WindowsとMac、いずれをお使いの方もインストール可能な無料アプリケーションです。

FileZillaの設定方法や使い方
http://gihyo.jp/book/2025/978-4-297-14700-6/support/

練習問題解答

Lesson 01

問題1

A：ア（ウェブサーバ）
B：エ（FTPクライアント）
C：ウ（ウェブブラウザ）

問題2

D：Microsoft Edge
E：Google Chrome
F：Safari

問題3

G：エ（リンク）
H：ア（ウェブサイト）
I：イ（デザインカンプ）

問題4

イ、ア、オ、エ、ウ

Lesson 02

問題1

A：html
B：head
C：body

問題2

```
<meta charset="utf-8">
<meta name="author" content="グリーンカフェ">
<meta name="description" content="グリーンカフェの紹介">
```

問題3

D：ウ（title要素）
E：エ（.html）
F：オ（エンコード）

Lesson 03

問題1

A：6
B：大きい
C：小さい
D：アウトライン

問題2

E：ul
F：li
G：ナビゲーション

問題3

H：p
I：br
J：空

問題4

K：header
L：nav
M：main
N：footer

問題5

O：picture.jpg　または　./picture.jpg
P：folder/picture.jpg
　または　./folder/picture.jpg
Q：../folder/picture.jpg

Lesson 04

問題1

```
<table>
<tr>
<td rowspan="2">1-1と2-1</td>
<td colspan="2">1-2と1-3</td>
</tr>
<tr>
<td>2-2</td>
<td>2-3</td>
</tr>
</table>
```

問題2

item.html：

```
<meta name="description" content="67Flowerの取扱い商品">
<title>ITEM | 67Flower</title>
```

price.html：

```
<meta name="description" content="67Flowerの商品価格表">
<title>PRICE | 67Flower</title>
```

問題3

サンプルファイルの完成版を確認してください。

Lesson 05

問題1

A：セレクタ
B：プロパティ
C：値

問題2

D：p
E：.text
F：#today

Lesson 06

問題1

```
li{
list-style:upper-roman;
}
```

問題2

A：flex

B：コンテナー

C：主軸 または 交差軸

D：交差軸 または 主軸

問題3

E：li

F：li

Lesson 07

問題1

A：ウェブフォント

B：遅く　または　重く

C：アイコンフォント

問題2

D：疑似クラス

E：:hover

F：:active

G：2

H：p

問題3

I：.gg

J：li

K：li:nth-of-type(3)

L：fb::aftar

Lesson 08

問題1

A：上

B：border-style

C：border-width

D：border-color

問題2

E：background-color

F：background-image

G：background-repeat

H：background-position

I：background-size

問題3

360px

問題4

J：ショートハンド

K：半角スペース

索引

※赤字はHTML関連の項目、青字はCSS関連の項目を表す。

英字

監修　ロクナナワークショップ銀座

Web 制作の学校「ロクナナワークショップ銀座」では、さまざまな学びをご提供しています。

対応講座

- AI 活用・SNS 運用講座
- 映像制作講座（Adobe Premiere Pro・Adobe After Effects）
- Web・IT・プログラミング講座
- デザイン講座（Figma・Adobe Photoshop・Adobe Illustrator など）

そのほか、幅広く対応可能です。

- 企業や学校、各種団体での講座
- 出張講座、オンライン講座
- 個人やグループでの貸し切り受講
- 各種イベントへの講師派遣

また、e ラーニングコンテンツの開発や、教科書・副読本の選定、書籍・記事の執筆や監修などもお気軽にお問い合わせください。

＊お問い合わせ

株式会社ロクナナ・ロクナナワークショップ銀座

東京都中央区銀座 6-12-13 大東銀座ビル　GINZA SCRATCH

E-mail：workshop@67.org

https://www.rokunana.co.jp/

著者略歴　**千貫　りこ**（せんがん　りこ）

フリーランスのウェブクリエイター。主な業務は小～中規模サイトの企画・制作。書籍の執筆やプロフェッショナル向けセミナーでの登壇に加え、企業の技術顧問や大学の非常勤講師として次世代クリエイターの育成にも取り組んでいる。初級～中級者を対象とした「難しくない解説」を得意としている。
ウェブサイトのURLはhttps://kicks-web.com/。

主な著書
プロのコーディングが身につくHTML/CSSスキルアップレッスン（翔泳社）
現場のプロから学ぶXHTML+CSS（マイナビ（旧：毎日コミュニケーションズ））

講師・講演
株式会社メンバーズ　フロントエンドスキルフェロー
デジタルハリウッド大学　非常勤講師
資格スクール ヒューマンアカデミー講師
CSS Nite LP50「Shift10：Webデザイン行く年来る年」出演

デザインの学校
これからはじめる
HTML&CSSの本
［改訂第3版］

2012年6月1日　初版　第1刷発行
2025年3月5日　第3版　第1刷発行

著　者　千貫りこ
監　修　ロクナナワークショップ
発行者　片岡 巌
発行所　株式会社技術評論社
東京都新宿区市谷左内町21-13
電話　03-3513-6150　販売促進部
03-3513-6160　書籍編集部
印刷／製本　株式会社シナノ

定価はカバーに表示してあります。

造本には細心の注意を払っておりますが、万一、乱丁(ページの乱れ)や落丁(ページの抜け)がございましたら、小社販売促進部までお送りください。送料小社負担にてお取り替えいたします。

ISBN978-4-297-14700-6 C3055
Printed in Japan

カバーデザイン……クオルデザイン（坂本 真一郎）
カバーイラスト……サカモトアキコ
本文デザイン……クオルデザイン（坂本 真一郎）
本文イラスト……ロクナナ
DTP……リブロワークス
編集……矢野 俊博
技術評論社ホームページ……https://gihyo.jp/book

問い合わせについて

本書の内容に関するご質問は、下記の宛先までFAXまたは書面にてお送りください。なお電話によるご質問、および本書に記載されている内容以外の事柄に関するご質問にはお答えできかねます。あらかじめご了承ください。

〒162-0846
新宿区市谷左内町21-13
株式会社技術評論社　書籍編集部
「デザインの学校　これからはじめる
HTML&CSSの本［改訂第3版］」質問係
［FAX］　03-3513-6167
［URL］　https://book.gihyo.jp/116

なお、ご質問の際に記載いただいた個人情報は、ご質問の返答以外の目的には使用いたしません。また、ご質問の返答後は速やかに破棄させていただきます。